Der Dackel

Eine Weltanschauung

CHRISTINE PAXMANN

blv

INHALT

DER DACKEL

EINE WELTANSCHAUUNG

Zwischen Karikatur und Kult,
Prolet und Aristokrat, Sammler und
Jäger, Dandy und Kraftmeier.
Ein Hund und seine Legenden,
sein Ruf und seine Wahrheit.

SICH IMMER TREU BLEIBEN

DER DACKEL, WIE ER WIRKLICH IST

äbe es den Dackel nicht, man müsste ihn erfinden. Er ist ein Charmebolzen wie kein zweiter und liegt mit dieser Eigenschaft unangefochten auf Platz eins der Caniden-Charts. Der Dackel ist eine Design-Kuriosität und damit Liebling vieler Künstler. Der Dackel kann die Grazie einer Ballerina entwickeln und die Ausdauer eines äthiopischen Langstreckenläufers. Im Wald wird er eins mit dem Unterholz, dank seines graubraunen Stichelhaars oder der braun-schwarzen Decke. Dass er diese Gabe der Unsichtbarkeit auch beim täglichen Gehorsam entwickelt, steht auf einem anderen Blatt. Der Dackel zaudert vor keinem Gegner – etwa 80-Kilo-Hunden und Bodyguards – und

kennt kein Hindernis: Küchenbords mit Wursttellern können spielerisch erklommen werden. In seiner eigenen Wahrnehmung hat er die Statur eines Säbelzahntigers.

Er kann beim Gassigehen »sein Ding« machen, fast bis zum Autismus, und unmittelbar danach, heimgekehrt und satt, den Schoßhund geben. Der Dackel kann sich in die Brust werfen, als gäbe es eine Parade abzunehmen, aber auch klein zusammenrollen wie ein Embryo, um in einem winzigen Spalt zwischen Bettkasten und Wand Platz zu finden. Und der Dackel kann etwas, was ihm wohl sämtliche Vorurteile, Legenden und Karikaturen eingebracht hat: Er kann hinreißend schauen. Dass er maximal

30 Zentimeter in der Höhe misst und dabei einen Radstand wie ein Sattelschlepper hat, stört weder Hund noch Mensch. Der Dackelblick ist unwiderstehlich und bricht sogar eingefleischten Hundegegnern das Herz. Dass es die Natur ganz besonders gut gemeint hat mit dem Dackel, zeigt sich nicht nur an seinen extrem beweglichen Augenbrauen, die rein mechanisch verantwortlich sind für den »herzigen Blick«, sondern auch an dem kleinen, mit Muskeln bepackten Körperchen, das bei wohlmeinender und artgerechter Pflege bis ins hohe Alter agil bleibt. Vom fitten Köpfchen ganz zu schweigen. Denn der Dackel ist schlau, und auch wenn man den Dackelfans immer eine gewisse »bräsige« Betriebsblindheit nachsagt, ist dieses Ar-

I m W i r t s c h a f t s w u n d e r - D e u t s c h l a n d d e r N a c h k r i e g s - z e i t g a l t d e r D a c k e l a l s g e m ü t l i - c h e s A t t r i b u t .

gument kaum zu wider-, dafür aber umso öfter zu belegen.

Doch was hat man in der früheren und auch jüngsten Vergangenheit nicht alles getan, um aus dem Dackel eine lächerliche Gestalt zu machen? Als Weißwursthund wurde er bezeichnet, und in den USA ist die Bezeichnung »Sausage Dog« nach wie vor populärer als das offizielle »Teckel« oder »Dachshund«. Als mopsiger Stammtischdackel wurde er gern in Begleitung »g'wamperter« Herren im fortgeschrittenen Alter abgebildet, unvergessen in den Hirnbeiß-Karikaturen von Franziska Bielek und Gustl Bayrhammers Tatort-Kommissar. »Dicke Dame« und »Alter Dackel« ist ein gern benutztes Synonym für uncooles Altwerden und zu guter Letzt hat die Hausmeister-Krause-Satire dem Dackelimage den Rest gegeben: als Spießerhund mit leicht nationalistischen Zügen.

Rund um die Jahrtausendwende schien der Dackel eine aussterbende Spezies. Und das, nachdem er in den 70ern des 20. Jahrhunderts fast

zum Nationalheiligtum wurde, als man ihn für die Olympiade in München zum Maskottchen wählte. Damals, in ultraschicken Hippiefarben und durchgestylt von keinem Geringeren als Designpapst Otl Aicher, der es schaffte, Tradition und Zeitgeist auf die Größe eines Dackels zu reduzieren. So viel Trend verhalf der Rasse zu so ungeahnter Beliebtheit, dass den Züchtern die Puste ausging und so mancher »Schnellwurf« hässliche Spuren hinterließ: Beißkraft und unsozialisiertes Verhalten der Vierbeiner trafen dann auf Herrchen und Frauchen, die sich vom Dackel reine und bedingungslose Niedlichkeit versprachen. Dieses Missverständnis konnte lange Zeit kein Dackelblick wettmachen.

Plötzlich galt der Dackel als schwierig, um nicht zu sagen als kleiner Kampfhund. »Ja, liebe Leut',« möchte man da rufen, »denkt ihr eigentlich daran, wofür ein Hund gezüchtet wurde?« Zum Schoßhund geboren wurden die wenigsten Hunde, und der Dackel schon gar nicht. Er wurde

IN MÜNCHEN, DER NÖRDLICHSTEN STADT ITALIENS, GEHÖRT DER DACKEL, VULGO DAS ZAMPERL (»ZAMPE« = ITAL. PFOTE), ZUM BRAUCHTUM DER LEBENSLUSTIGEN STADT. ALS DIE WERBUNG NOCH REKLAME HIESS, LIESS MAN DACKEL SCHON SCHAULAUFEN: Z.B. ALS KNUFFIGE PROPAGANDAHELDEN, HIER FÜR EIN MÜNCHNER HUNDEATELIER UM 1900.

DER DACKEL – EINE WELTANSCHAUUNG

bereits im 16. Jahrhundert im Alpenraum nachgewiesen. Erdhunde nannte man da die kleinen, robusten Racker, und ihr ausgesprochen feines Näschen hat sie zu Erste-Sahne-Stöber- und -Schweißhunden gemacht. Denn ein »Tröpferl« Blut auf viele Kilometer und die Dackelschnauze kennt kein Rasten und Ruhen mehr, und wehe dem Menschen, der seinem Dackel dann nicht ein Minimum an Erziehung angedeihen ließ. Der Dackel rennt sich, wenn es sein muss, die Seele aus dem Leib. Tagelanges Verschwinden im Wald ist bei einem pubertierenden Dackelrüden ein Kavaliersdelikt, ein Initiationsritus auf dem Weg zur Dackel-Mannwerdung.

Herrchen und Frauchen sollten also nervlich gut besaitet sein, auch bei der Erziehung. Schließlich ist die ureigenste und in den Dackelgenen tief verankerte Aufgabe des kleinen Jägers das Aufspüren von Fuchs und Dachs in seinem Bau. Schlank muss der Dackel dazu sein, schön spitz zulaufend das Schnäuzchen, damit sich der Körper wie ein Torpedo ins Röhrensystem des

Raubwilds bohren kann. Vorderläufe wie Schaufelbagger müssen dann schon mal einiges an Erde bewegen und ein ordentlicher Halsspeck kann ärgere Verletzungen durch Fuchsbisse verhindern. Der Dackel ist kraft des »Berufs«, für den er mal gezüchtet wurde, ein Workaholic, zäh und entschlossen. Eigenständig denken und handeln ist dabei unerlässlich.

Warum also sollte dieser Tiefbau-Manager seine Selbstständigkeit am Garderobenhaken abgeben, wenn er den Haushund geben soll? Tut er eben nicht, und auch hartnäckige Versuche, aus der Rasse pflegeleichte Modehunde zu machen, sind fehlgeschlagen. Der Dackel hat alle Anfütterversuche überstanden – Tönnchen auf vier Stummeln war gestern. Er hat auch die olympische Modehund-Hysterie hinter sich gelassen und erst recht die »Neue Gemütlichkeit« der 1950er- und 1960er-Jahre, in denen Dackel das Nonplusultra des Cocooning waren. Auch den ersten Karriereknick zwischen Erstem und Zweitem Weltkrieg haben die heutigen Dackel

VORSEITE: ZAUSEL MIT BART – DER RAUHAARDACKEL, OB SAUFARBEN ODER FALB, WIRD SEINEM WILDEN IMAGE MEIST GERECHT, DENN MASS UND ZIEL SIND SEINE SACHE NICHT.

GEGENÜBERLIEGENDE SEITE: RAUHAAR, LANGHAAR, TIGERDACKEL ODER KURZHAAR – SO VERSCHIEDEN DIE SCHLÄGE AUCH SEIN MÖGEN, DAS DICKKÖPFIGE EINT SIE ALLE.

weggesteckt. Als Anfang des 20. Jahrhunderts der aus Deutschland stammende Dackel zum Exportschlager nach USA wurde, kühlte diese Liebe nach dem Erstem Weltkrieg wieder enorm ab. Das Klischee von Schwarzwälder Kuckucksuhren und Dackel in Lederhosen ließ sich mit der kriegerischen Haltung nicht mehr vereinen. Im Simplizissimus, der Satirezeitschrift der 1920er-Jahre, wurde der Dackel als Begleitung der Erzkonservativen karikiert, und so brauchte der Dackel bis nach dem Zweitem Weltkrieg Zeit, um sich wieder in die Herzen der Amerikaner zu bellen.

Heute sind die USA Dackel-affiner denn je. In New York ist der Dackel der neue Mops, und wenn man sich die Presse der letzten Jahre ansieht, hat der Dackel mit der Beharrlichkeit eines Erdlings auch in Europa die Top Ten wieder gestürmt. Promis zeigen sich mit Dackel am Arm – wobei er das eigentlich nur im Notfall mag. Die Angehörigen von Königshäusern und anderen Adelsfamilien schmücken sich mit smarten Kurzhaardackeln, die aristokratischer repräsentieren als die Blaublüter selbst. Models, Schauspieler, Künstler aller Couleur halten den Dackel als Muse oder zumindest als Statussymbol.

Wohl zu Recht. Denn der Dackel ist ein Evolutionssieger und Kulturfolger. Klein, aber zäh gibt er den Begleithund mit Niveau und Köpfchen, und zwar im Tann' und auf der Vernissage. Der Dackelmann kokettiert mit einem Charme, der George Clooney steinalt aussehen lässt, und das Dackelgirl von heute hat eine Figur wie ein Model aus der Vogue. Die neue Aufgeschlossenheit zur konsequenten Hundeerziehung erleichtert den Neu-Dackelbesitzern den Umgang mit dem eigensinnigen Kurzbein, denn Hundeschulen und auch Jagdverbände bieten Schulungen an, die dem Dackel zumindest ein Basiswissen in »Sitz«, »Platz«, »Bleib« und »Komm« antrainieren. Und schließlich ist die neue Lust am Landleben, ob Country Living im Cottage oder Country

Feeling im Kopf, verantwortlich für ein Comeback des kleinen, großen Symbolhundes.

Tatsächlich wird es aber eine Liebe und Mode sein, die anhalten wird. Denn Dackel werden alt, älter als die meisten Hunde. 20 Jahre sind keine Seltenheit. Was also spricht dagegen, sich mit diesem hinreißend verrückten »Lebensabschnittsgefährten« ein wenig intensiver auseinanderzusetzen, Wissen zu sammeln über seine Herkunft, seine Inspirationsfähigkeit, seine Eigenschaften und seinen Einfluss und vor allem seinen Facettenreichtum – der sich auch schon in seinem Aussehen niederschlägt. So viele Typen, eine Rasse! Vielfalt, dein Name sei Dackel!

DIE EXTREM BEWEGLICHEN DACKELOHREN SIND ENG ANLIEGEND, LANG GENUG, UM DIE EMPFINDLICHEN GEHÖRGÄNGE ZU SCHÜTZEN, UND MIT GESCHMEIDIG GLATTEM FELL BEHÄNGT.

Der Alltag des Unergründlichen

Auswahl, Erziehung, Futter

Langlebig, liebenswert, launig – in jedem Lebensalter bietet der Dackel ein Füllhorn der Überrraschungen. Frei nach dem Motto »nur wer sich ändert, bleibt sich treu« gestaltet sich jeder neue Dackeltag spannend.

WARUM EINEN DACKEL?

UND WENN JA, WELCHEN?

Sich für einen Dackel zu entscheiden, ist meist keine Vernunftentscheidung, außer man ist Jäger oder Züchter, was auf die wenigsten Dackelbesitzer zutrifft. Wer mit einem Dackel liebäugelt, hat sich in die drollige Schnauze, in das kuriose Körperchen, in die wedelnden Ohren und in sein markantes Lächeln verliebt, das den idealtypischen Dackel ausmacht. Hinzu kommen ein gedachtes oder vermutet humoriges Wesen, ungeheure Liebe zu seiner Familie und die treuesten Augen der Welt. Da und dort hat man schon artig sitzende Dackel gesehen, das Mäulchen fein geöffnet, aus dem eine kleine rosa Zunge lugt. Den Blick wach auf ein Objekt geheftet, im besten Fall Herrchen oder Frauchen und nicht das Wurstbrot auf dem Teller. Das flinke Springen, aber auch das aufmerksame Bei-Fuß-Laufen, Wettläufe im gestreckten Galopp und Buddeleifer – das alles mischt sich im Kopf von Neudackel-Aficionados zum Bild des Idealhundes, der größenmäßig in die kleinste Bude passt, aber auch landlusttechnisch total angesagt ist, zumal er gern spazieren läuft wie kein Zweiter.

Dieses zusammengewürfelte Zerrbild, das den Dackel zu einem muskulösen Lausbub auf vier Stummelpfoten, zu einem Helden im Westentaschenformat und zu einem eleganten Begleiter mit Ironie macht, ist natürlich von der Wirklichkeit so weit entfernt wie ein Dackel von der obersten Schublade des Küchenschranks. Und doch können all diese Eigenschaften idealtypisch zusammenkommen, auch der Dackel und die Küchenschublade. Der Dackel kann ein Begleiter in urbanem und rustikalem Umfeld sein, er kann treu bis ins Mark und lieb sein wie ein Schmusetier, verspielt wie ein Zirkushund und gescheit wie ein Nobelpreisträger, Familienhund, Singlehund, Künstlerhund, Stammtisch-Batzi und Waldarbeiter, Bürotöle und/oder Hofstenz.

Aber der Dackel wird so nicht geliefert! Man muss als Besitzer, nein, sagen wir besser als Begleiter eines Dackels jede Menge tun, um das Gesamtpaket Dackel zu optimieren. Der Dackel

ist ein Rohdiamant, den es zart und zielführend zu behandeln gilt. Warum das die meisten Menschen nur halbherzig tun, liegt an der Charme-Offensive, die bereits ein junger Dackel startet, um gleich einmal auszuloten, wo der Hammer hängt.

KURZ, BLOND, GETIGERT ODER RAU? GROSS ODER KLEIN? WEIBCHEN ODER MÄNNCHEN?

Es ist so weit. Ein Einzelner, eine Familie, ein Pärchen haben sich in den Kopf gesetzt, dass ein Dackel die ultimative Bereicherung des ansonsten eher gleichförmigen Lebens sei. Dagegen ist nichts zu sagen, denn gleichförmig wird mit dem Dackel nichts mehr sein und Bereicherung ist treffend. Dass dies alles ein maximal 10 Kilogramm schwerer Hund sein kann, ist zunächst schwer vorstellbar, wenn sich die Dackelverliebten auf die Suche nach dem richtigen Hündchen machen. Da wissen sie noch nicht, dass Dackel trotz kurzer Beine zum Schlafen ungeahnte Höhen erklimmen können – nur das Hochbett ist ein sicheres Nachtlager. Sie ahnen nicht, dass sie bereits der kleine Dackel an die Grenzen der Geduld bringen wird, und sie werden überrascht sein, wie frech jemand sein kann, der gerade mal 30 Zentimeter über dem Boden trabt. Was sie wissen, ist, dass Dackel überall hingehen, wo man selbst ist, dass sie reisen, flanieren, rennen können und wollen und dass Dackel frech und mutig sein sollen. Was genau sich hinter diesen dehnbaren Begriffen verbirgt, bringt der Dackel ihnen in all seinen Lebensphasen ohne Unterlass bei.

Da ist es doch tröstlich zu wissen, dass Dackel problemlos 18 Jahre erreichen können und somit Mensch und Hund ausreichend Zeit haben, sich kennenzulernen. Es gibt noch keine Studie, wie viele Eigenschaften ein Dackelbesitzer von seinem Viech angenommen hat, aber ich könnte wetten, es sind ebenso viele wie ein vergnügter und gesunder Dackel von seinem Menschen annimmt. Das mit dem äußeren Ähnlichwerden lassen wir jetzt einmal dahingestellt, denn das Bild der dicken älteren Dame, die mit mopsigem Vierbeiner unterwegs ist, oder des schwankenden Stammtischbruders, der von einem standhaften Dackel begleitet wird, passt nicht mehr in das moderne Dackelhalterzeitalter.

Der zeitgemäße Dackel ist schlank, meist zierlicher als die »alten« stämmigen Schläge und trägt das Haar kurz, sprich ist Kurzhaardackel, Tiger- oder Rauhaardackel. Der früher so beliebte Langhaardackel hatte durch einige Turbozüchtungen etwas zickige Eigenschaften entwickelt, die an seinem Image gekratzt haben. Auch scheint das Kurz- und Glatthaarige im Trend, wenn man von so etwas bei Hunden überhaupt sprechen sollte, ganz zu schweigen vom Tigerdackel, der, angeregt durch die USA, derzeit immer mehr Anhänger findet. Aber egal, ob Kurzhaar, Langhaar, Rauhaar, ob Normaldackel, Zwerg- oder Kaninchendackel: Bevor ein Dackelchen ins Haus kommt, sollte man Reste seines Verstandes zusammennehmen und sich einige Fragen stellen. Das Eingewöhnen des neuen Lieblings wird so viel einfacher werden.

So zum Beispiel die Frage: Sind wir/ich in der Lage, ein ziemlich ausgedehntes Dackelleben lang für das Tier da zu sein? So schön es ist, wenn Hunderassen langlebig und stabil sind, so sehr sollte man einplanen, dass die einzelnen Lebensphasen sehr ausgeprägt sein kön-

VORSEITE: LECKEN DER SCHNAUZE GEHÖRT ZUM UNTERWÜRFIGEN BEGRÜSSUNGSRITUAL.

ZWISCHEN SCHLECHTEM GEWISSEN, AUFMÜMPFIGKEIT UND BETTELN LIEGEN NUR WENIGE MILLIMETER SPIEL DER AUGENBRAUEN.

nen. Netterweise die Kindheit, dummerweise auch die Rüpelphase. Schön intensiv wird sein Erwachsenendasein, wobei man eventuell die Früchte solider Erziehung genießen kann, aber auch die oft kuriose Eigenentwicklung des Dackels erlebt. Und im Anschluss eventuell auch eine ausgeprägte Seniorenschaft mit all ihren altersmilden Seiten sowie dem Aspekt, den man auch beim Hund Altenpflege nennt. Das alles gilt es beim Dackelerwerb zu bedenken, auch wenn beim Anblick von Dackelwelpen vermutlich niemand einen klaren Kopf behält.

Nach all den pragmatischen Fragen, ob Hundehaltung im (Miets-)Haus erlaubt ist, ob jemand in der Familie Allergiker ist oder ob sich ein oder gar mehrere Familienmitglieder bereit erklären, vier- bis fünfmal am Tag Gassi zu gehen, gibt es noch einen zweiten gewichtigen Fragepunkt: Werden die Spaziergänge, die Spiele, die Beschäftigungszeiten lang genug sein, dass ein Energiebündel wie der Dackel keinen trüben

Blick bekommt? Denn Dackel sind Arbeiter. Vormals gezüchtet für die Jagd im Bau, wohnt in jedem Dackel ein umtriebiger Jäger, mindestens aber ein Langstreckenläufer und Scherzkeks mit Turboantrieb. Diese Eigenschaften möchten bedient werden, sonst verwandelt sich der Dackel nicht nur äußerlich in eine Presswurst, sondern auch seelisch in einen Grantler und Nörgler.

Wo kommen denn die Dackelchen her?

Wenn alle oben vorsichtig gestellten Fragen »pro Dackel« geklärt wurden, kommt ein nicht minder schwieriger Part. Das Finden des richtigen Dackels. Wenn es ein junger sein soll, muss die Herkunft stimmen, ein gutes Elternhaus ist das A und O beim Dackel, denn Zuchtfehler verzeiht er nicht. Von gesundheitlich vererbten Mängeln ganz zu schweigen, mendeln sich beim Dackel auch Eigenschaften durch, die Besitzer an die

Grenzen ihrer Belastbarkeit führen können, wie Aggressivität und fast unbeherrschbarer Jagdtrieb sowie Streunertum.

Aber bleiben wir bei den guten Eigenschaften, die in einer gepflegten Zucht richtig zur Geltung kommen. Erkundigungen können bei Dackelclubs und -verbänden sowie bei Hundeschauen und Hundefestivals eingezogen werden. Natürlich ist auch gegen Zufallswürfe nichts zu sagen, wenn man die Dackeleltern kennt. Wichtig ist in jedem Fall, wie die Hunde beim Züchter gehalten werden. Dackel sind in geschlossenen vier Wänden echte Rudelknutscher. Sie lieben ihren Clan und später wird auch dem neuen Besitzer diese Liebe zuteil. Das bedeutet aber auch, dass Mutter und Hundekind nicht zu früh voneinander getrennt werden dürfen. Ideal ist die Aufzucht im Haus im Zusammenleben mit einer Menschenfamilie. Von klein auf sehen da die kleinen Individualisten, dass sich zwar viel, aber nicht alles um sie dreht und dass es eine Rangordnung gibt.

MUTIGES MÄNNCHEN ODER ANPASSUNGSFÄHIGES WEIBCHEN?

So hübsch hier eine kurze Gebrauchsanleitung wäre, aber Sie ahnen es sicher schon: Beim Dackel gibt es auch hier lauter Ausnahmen. Nicht jeder Rüde ist ein rauflustiger Draufgänger und nicht jedes Weibchen eine anpassungsfähige Lady. Die Bandbreite reicht von kontemplativ bis machomäßig, wenn es um Dackelmänner geht und Dackelinen können quirlig, zickig, schüchtern oder hyperaktive Sportskanonen sein. Wichtig ist deshalb der Blick in die Kinderstube und den frischen Wurf. Wer immer oben auf allen anderen Geschwistern hockt, seine Hundemutter neckt, zutraulich bis zum Abwinken ist und durch Hochspringen den Weg ins Gesicht des potenziellen neuen Besitzers findet, wird vermutlich auch ein kommunikatives Dackelchen werden. Welpen, die sich eng an die Mutter drängen, wenn Besuch herein-

AUCH WENN ER DALIEGT, ALS KÖNNE IHN KEIN WÄSSERLEIN TRÜBEN – DER PUBERTIERENDE DACKEL IST EINE HERAUSFORDERUNG FÜR JEDEN HUNDEBESITZER. EIN WEITES HERZ UND NERVEN AUS KAUTSCHUK, AUCH WAS ÜBERGRIFFE AUF MOBILE GEGENSTÄNDE BETRIFFT, SIND VON VORTEIL.

kommt, sind entweder noch nicht so weit oder eben zurückhaltend und weniger forsch. Hier muss man beobachten, wie sie sich entwickeln. Schüchternheit kann in Angstbeißen umschlagen, Zurückhaltung kann auch ein Hinweis auf ein gesundheitliches Problem sein. Schnappen und Knurren darf es in der Kinderstube nicht geben, solche Eigenschaften wachsen sich bei Dackeln in der Regel zu einem Problem aus.

Ist die Wahl auf einen kleinen Dackelrüden gefallen, sollten seine neuen Besitzer Folgendes wissen: Dackelmännchen sind wunderbar. Sie blicken in den Spiegel und sehen einen Löwen. Dann werfen sie sich in die Brust, drücken das Kreuz durch, stellen die Ohren auf und lassen die Rute bis zur Schwanzspitze hochgestreckt. Wenn sie könnten, würden sie lässig wie John Wayne die Pfote über dem Colt schweben lassen. Denn Dackelrüden sind Haltungskünstler, wenn es um die Selbstdarstellung geht. Sehen sie von Ferne ein anderes Hundemännchen,

kann die angespannte Pose noch durch einen Knurrlaut intensiviert werden. Kommt das andere Männchen näher, vermag sich so mancher kleine Dackelmann optisch auf das Doppelte vergrößern. Länge, Ohren, Schnauze, Fell – alles bläst und pludert sich auf. Dass dann immer noch kein Arnold Schwarzenegger aus ihm wird, weiß er nicht und er muss manchmal feststellen, dass es Gegner gibt, denen solches Gehabe auf den Wecker geht. Der Lerneffekt ist aber beim Dackel relativ gering. Sollte also ein Dackelmännchen solche oder andere nervige Reviereigenschaften weiter entwickeln, kommt vielleicht beizeiten eine Kastration infrage.

Auch ständiges Anmarkieren der gesamten Umgebung, bisweilen auch von Hosenbeinen oder Vorhängen, ist nicht nur eine stinkende Eigenschaft, sondern auch eine lästige. Das Dackelmännchen bekommt so das Gefühl, der »King« zu sein, und stürzt sich dann auch gern in den Kampf. Schon beim Dackel-Eleven sind solche

Züge früh zu erkennen. Manche sprechen auf Erziehung an, manche müssen eben operativ ein wenig gesellschaftsfähiger gemacht werden. Das trifft auch für eine weitere herausragende Eigenschaft des Dackelmännchen zu: Dackel flirten und balzen, werben und leiden an der Liebe wie kaum eine andere Hunderasse. Sind im Umkreis Weibchen läufig, kann ein Dackel minutenlang Spurenlesen, sich auf den Boden legen und Erdflecken studieren. Auch ungeduldiges An-der-Leine-Ziehen wird ihn keinen Millimeter bewegen, Kommandos sind vergessen. Der Dackel ist zur hohen und, sehr zum Leidwesen von Herrchen und Frauchen, auch zur niederen und verbotenen Minne fähig. Doch dazu später mehr.

Wer sich hingegen für ein weibliches Dachshündchen entscheidet, kann das ganze Repertoire der Galanterie, der Mädchenhaftigkeit, aber auch der Kumpeline, mit der man Pferde stehlen kann, bekommen. Manche Dackeldamen

wissen um ihren aristokratischen Gesichtsschnitt, lange, sanftest gebogene Schnauze, edle tiefschwarze Augen und bekümmertes Brauenspiel, und geben die Diva, die gern die Welt vom Arm des Frauchens betrachtet. Das heißt nicht, dass sie nicht gleichzeitig eine Fitnessnudel sein kann oder eine würdig schreitende Dackelmadame im besten Alter. Wenn auch sie vom Hauch der Liebe gestreift wird, kann oft kein Zaun die Dame halten.

Mit dem Humor hält sie es wie ihre männlichen Rassemitglieder: Sie hat es faustdick hinter den Schlappohren! Dackel sind Facettenwunder. Kein Dackel ist wie der andere und doch sind sie in der Summe: Dackel. Wer sich also einen Dackelwelpen aussucht, bekommt trotz allerbester Vorbereitung und Selektion eine Überraschungstüte. Vielleicht liegt genau darin der Reiz? Fragt man altgediente Dackelbesitzer nach einer allgemeingültigen Formel, ihren Lieblingshund betreffend, werden sie viele ähnliche Eigenschaften aufzählen und dennoch von den Unterschieden erzählen, die all ihre Dackel bisher hatten. Wer sich einen Dackel ins Haus holt, muss sich auf was gefasst machen. Dackel sind nichts für Pedanten, Planer und Stubenhocker. Auch Hypochonder und Überängstliche werden ihr blaues Wunder erleben, denn in nichts ist der Dackel so gut wie im Erfinden von Krankheiten.

Wer einen Schmusehund sucht, sollt darauf vorbereitet sein, dass der Dackel innerhalb seiner vier Wände der herzallerliebste Racker ist, den man sich vorstellen kann. Liebevoll, verschmust (bisweilen), die Gemütlichkeit liebend und ein Feinschmecker. Draußen, und das meint nicht nur Wald & Flur, sondern auch Street & Life, kennt der Dackel niemanden, auch nicht seine Besitzer. Die Welt ist groß, die Spuren sind weit, was kümmert ihn der schrille Pfiff oder das gereizte Kommando? Kaum ein Wetter ist schlecht genug, um daheim zu bleiben, keine Uhrzeit ungeeignet für einen Gang durchs Revier. Fressbares wird schnell aufgestöbert. Der Dackel neigt außerhalb seines Zuhauses zum Autismus und ist gleichzeitig ungehalten, wenn ihm Zuneigung entzogen wird. Dackel zu haben heißt, mit Antipoden zu leben, und jeder Mensch, der einen Funken Freidenkertum in sich hat, wird bestens mit ihm auskommen. Denn er erlaubt sich, was wir uns manchmal wünschen: dem Leben schöne, selbst bestimmte Stunden abzutrotzen!

NICHTS SCHÖNER ALS TOBEN IM GRÜNEN. BEI MANCHEM TECKEL MUSS MAN DANACH DIE AUGEN VOM BLÜTENSTAUB BEFREIEN, DIE OHREN NACH KLETTEN ABSUCHEN UND ZECKEN DEN GARAUS MACHEN.

DER JUNGE DACKEL

WER KOMMT DA INS HAUS?

Nun, der Würfel ist gefallen (oder die Wahl entschieden?), ein Dackelchen soll's sein. Man weiß um die Charaktereigenschaften der kleinen Lümmel, kennt ihre körperlichen Vorzüge und auch Nachteile, ahnt den Bespaßungsfaktor und ist dennoch überrumpelt, wenn nach mehrmaligem Besuch der Kinderstube, also nach zirka neun Wochen, der kleine Dackel ins eigene Heim geholt wird.

Die meisten Jungdackel sind nicht verschüchtert, sondern neugierig, diese Eigenschaft wohnt ihnen, dank Jagdtrieb, inne. Das heißt, schon im Auto will der Dackel turnen, was natürlich nicht geht, und deshalb muss er in eine kleine Transportbox, an die er sich eventuell schon ein paar Tage vorher gewöhnen durfte, indem man sie in der Kinderstube aufstellen ließ. Jetzt hat das Ding Stallgeruch und eine Höhle ist es noch dazu. Dackel lieben das. Es schadet nicht, die Transportbox daheim offen stehen zu lassen, dann kann sich der Welpe hinein verziehen. Natürlich wurde die Box vorher lauschig ausgestattet mit einem Deckchen und einem alten Pullover der neuen Herrschaft. Kommt der kleine Dackel in eine Familie mit Kindern (Dackel lieben Kinder, wenn sie gut mit ihnen umgehen), müssen Hund und Kind wissen, wo wer welche Grenzen hat. Hineinfassen ins Körbchen/Box/Schlafhöhle ist tabu, da ist der Dackel eigen, schließlich funkt ihm im Fuchsbau auch niemand ins Handwerk. Solche Eigenschaften sitzen tief in den Genen und lassen sich nur schwer ausmerzen, am besten, man respektiert sie.

Bevor der Dackelzwerg ins Haus kommt, sind natürlich rutschfeste Schüsselchen angeschafft worden. Für den kleinen Hund nicht zu hoch und nicht zu groß, sonst schlabbern die Ohren im Futter. Das gibt nicht nur hübsche Muster an der Wand, wenn sich nach der Mahlzeit geschüttelt wird, sondern kann auch lästig sein, wenn Futter in die empfindlichen Gehörgänge kommt. Der Wassernapf sollte immer zugänglich bereitstehen und täglich frisch gefüllt werden, die Mahlzeiten gibt es beim Babydackel fünfmal am Tag. Wird der Dackel ein Jahr, soll-

ten sich die Mahlzeiten auf einmal am Tag reduziert haben. Alte Hunde bekommen wieder mehrmals am Tag kleine Portionen.

EQUIPMENT-FRAGEN

Zum Thema »Halsband oder Geschirr« gibt es unterschiedliche Meinungen. Früher wurde das Geschirr für Dackel gemieden, weil es angeblich Brust und Schulter schädige. Heute hat man zum einen weiche, breitriemige Geschirre und zum anderen hat sich herausgestellt, dass dem Dackel mit seinem langen Kreuz die Zugbewegung im Geschirr besser tut als die am Halsband. Auf der anderen Seite wächst ein Halsband die ersten neun Monate einfach besser mit, schließlich soll aus dem tapsigen Fellkerlchen mal ein schlanker und vitaler Dackel werden. Hier wird es bei Neuhundbesitzer und Neuhund zu einigen Versuchsreihen kommen, eventuell kann man Babygeschirre und -halsbänder auch leihen. Wichtig ist, dass sich das kleine Lebewesen an ein Gehen an der Leine gewöhnt.

Schließlich muss auch ein Körbchen bereitstehen, das dem Körperbau des Dackels, seinen Vorlieben und seiner Geselligkeit entspricht. Auch da ist der Dackel ein kleiner Snob: Die Verortung des neuen Schlafplatzes sollte zentral sein, aber nicht belebt, mit der Möglichkeit, den 360-Grad-Überblick zu behalten. Achtung: Zugluft! Deshalb sind Körbchen mit Rand und abgesenktem Einstieg oder gar Höhlenkörbchen besser als ein nacktes Kissen, außerdem soll sich ja ansatzweise das Gefühl von Kuscheligkeit einstellen – ein zentrales Bedürfnis beim Dackel. Entspricht das für ihn vorgesehene Plätzchen nicht genau seinen Vorstellungen, wird er ziemlich schnell andere Plätze erobern. Und glauben Sie nicht dran, dass er schnell von Betten, Sofas, Sesseln abzuhalten sei. Er wird es immer wieder versuchen und kann selbst als Zwerg die Sprungkraft einer Wanderheuschrecke entwickeln.

Wenn der kleine Dackel das erste Mal in die neue Wohnung kommt, muss er genügend Zeit haben, um sich »ranzutasten«. Eine lärmige Willkommensparty ist da ebenso falsch wie vollkommenes Zurückziehen – am besten gewöhnen sich schon einmal alle daran, dass das Leben jetzt eine kurze Zeit lang knapp über dem Boden stattfindet. Verkriecht sich der kleine Neuankömmling gleich einmal unters Sofa, siehe oben: nicht rausziehen, der Hunger und die Neugierde treiben ihn beizeiten wieder hervor.

FRESSEN GUT, ALLES GUT

Apropos Hunger: So ein kleiner Dackelmagen soll nicht zu viel leisten müssen, deshalb sind über den Tag bis zu fünf kleine Portionen angesagt. Welpenfutter enthält in der Regel alles Notwendige, um den Kleinen rundum zu ver-

SELTEN SIND
EINFARBIG
DUNKELBRAU-
NE KURZHAAR-
DACKEL. UMSO
BEGEHRTER SIND
SOLCHE ZÜCH-
TUNGEN.

VERANTWORTUNGSVOLLE ZÜCHTER LASSEN DIE WELPEN MINDESTENS BIS ZUR ACHTEN WOCHE BEI IHRER MUTTER, DIE IHNEN DIE »BASICS DES SOZIALVERHALTENS« BEIBRINGT.

sorgen, aber, wie bereits erwähnt, ist der Dackel ein Feinschmecker. Wer also ein Suppenhuhn mit Karotten und Kartoffeln, ein wenig Petersilie kochen möchte, selbstredend ohne Gewürze, der sollte sich nicht abhalten lassen. Sorgfältig entbeintes Hühnerfleisch, zerdrückte Karotten und Kartoffeln samt ein wenig Brühe, das schmeckt, dass der Bart tropft. Nicht nur der kleine Dackel wird es mit Gewedel und glücklichem Schlabbern zu schätzen wissen, mit glänzendem Fell reagieren und sich und Ihre zehn Finger danach abschlecken. Liebe geht durch den Magen, da ist der Dackel bestechlich und wählerisch. Aber: Schokolade, Käse, Gewürze, also jede Art von Wurstzipfel, rohes Schweinefleisch und Speisereste von Herrchen oder Frau-

chens Teller sind tabu. Darauf reagiert nicht nur der Babydackelmagen zu empfindlich, sondern der Dackelmagen im Allgemeinen. Außerdem muss ja noch Platz für spezielle Belohnungsleckerli bleiben, denn die und Geduld werden Dackelneulinge brauchen, um das Jungtier für die große weite Welt bestens zu rüsten.

ERSTE ERZIEHUNG

Wie ich es bereits mehrmals anklingen ließ: Der Dackel hat Charakter und davon eine doppelte Portion. Das ist einerseits bezaubernd und hat nicht wenig zur Legendenbildung beim Teckel, Wiener Dog, Dachshound, Sausage Dog, Dackel, Bassotto oder wie auch immer er weltweit noch genannt wird beigetragen. Auf der anderen Seite ist es wie mit hochbegabten Kindern: Sie können ganz schön schwierig sein, wenn man ihren Ansprüchen nicht genügt. Ganz genauso funktioniert die Erziehung beim Dackel. Er wird, wenn man ihm geduldig und bestimmt, aber sanft einen Befehl beibringt – wir reden jetzt von den essenziellen Kommandos wie »Sitz«, »Platz«, »Fuß«, »Komm« – gut darauf reagieren, denn er ist ja nicht blöd. Leider wägt der kluge Dackel auch ab. Befehle wie »Such den Ball«, »Wo ist das Stöckchen?« wird er nur befolgen, wenn ihm gar nichts Besseres einfällt. Denn a) weiß er, wo der Ball ist, b) hat der Dackel ein Spielverhalten, das man als sprunghaft bezeichnen könnte. Das heißt: Er spielt nur, wenn er will, und zu Regeln, die er gerne selbst aufstellt.

Um den kleinen Hund vor großem Despotentum zu schützen, muss leider relativ früh mit dem Erziehen begonnen werden, weil Dackel sehr schnell merken, wie die Rangfolge im Haus ist. Gibt es niemanden, der anschafft, schafft der Dackel an. Wird nur verwöhnt statt zielgerichtet gelenkt, könnten die nervigeren Eigenschaften des Dackels hervortreten. Dazu gehören Kläffen, Betteln, Nagen, auch Knur-

ren und sogar Schnappen. Das muss ja wirklich nicht sein, zumal der Dackel intelligent und schnell von Kapee ist. Er wird ebenso schnell »Umdrehen«, »Links«, »Rechts« verstehen wie »Sitz«, »Platz« und »Fuß«, doch davon später.

Wer seinem Dackelchen eine Begleithund- oder Jagdkarriere antun möchte, tut gut daran, bereits den kleinen Hund am linken Fuß zu führen – das wird bei den Prüfungen so verlangt. Wem es darauf nicht so ankommt, kann auch das rechte Bein wählen, aber es sollte zu Anfang eben immer dieselbe Seite sein. Dackel können da pingelig werden, schließlich merken sie sich alles sehr genau.

ERSTE NÄCHTE WEISEN DEN WEG

Wie bereits erwähnt, liebt der kleine Dackel das hohe Bett. Um von Anfang an die Verhältnisse zu klären, sollten Sie den Neuankömmling so liebevoll, aber so bestimmt wie möglich an die Gegebenheiten gewöhnen. Die heißen: vor dem Schlafengehen ein kurzes Gassigehen, damit sich die kleine Kinderblase entleeren kann. Dann stellen Sie dem Kurzbein eine Schachtel, gefüllt mit Deckchen und einem Stoffspielzeug (ohne verschluckbare Teile, ja, es ist wie bei einem Baby!) neben das Bett. So nah, dass Sie im Falle verzweifelter Seufzer, die bis zum Jaulen anschwellen können, tröstend die Hand hineinhalten können. Wer jetzt nicht einknickt und den Welpen in der Kiste zur Ruhe bringt, hat einen Meilenstein in der Dackelerziehung gesetzt. Wer dem flehenden Blick zum Opfer fällt, hat die nächsten, eventuell 18 Jahre einen Gast im Bett.

Wie bei jedem Hundebaby muss die ersten zwei bis drei Wochen die eine oder andere Nachtschicht geschoben werden. Wer es schafft, alle drei Stunden sowie nach einem Nickerchen und den Mahlzeiten den Kleinen auf die Straße zu tragen (dies gilt auch für tagsüber), um ihm ein Pipi zu entlocken, wird bald sehen, dass der schlaue Dackel das begreift. Für die ersten Nächte empfiehlt sich, ein Eckchen mit einer Zeitung auszulegen. Geht mal was daneben, kann man ihn da drauf setzen und ihn mit einem kurz gesprochenen »da!« bitten, das nächste Mal hierhin zu machen. Klingt jetzt vielleicht gewagt, aber glauben Sie mir, der Dackel versteht das. Er kapiert auch schnell, wenn man ihn nach dem plötzlichen Geschäftchen in der Wohnung an die Tür trägt und ihm zeigt, wie man an der Tür kratzt, um sich bemerkbar zu machen.

Man muss beim Dackel immer eines bedenken: Er beobachtet wie kein Zweiter. Das Mienenspiel, seine wachen Äuglein, die in alle Richtungen zuckenden Augenbrauen, die beim Dackel mit äußerst beweglichen Muskeln unterfüttert sind, erlauben ihm ein Spektrum, das ihn von allen anderen Hunden unterscheidet. Und er merkt sich sehr genau, was er gesehen hat. Leider auch die Dinge, die er sich nicht merken sollte.

Nach kürzester Zeit werden Sie bereits feststellen, dass das Dackelkind einen beträchtlichen Beobachtungsschatz angehäuft hat. Sie nehmen die Schlüssel in die Hand und ziehen die

SCHON BEIM WINZLING WERDEN WESENSZÜGE SICHTBAR: VORLAUT, SCHÜCHTERN, MUTIG, ANSCHMIEGSAM. WER SICH EINEN KLEINEN DACKEL SUCHT, SOLLTE BEIM BESUCH DES WURFS ALLE GENAU BEOBACHTEN, UM DIE RICHTIGE WAHL ZU TREFFEN.

Schuhe an? Klarer Fall von Gassigehen! Hurra, der kleine Dackel wird freudig zur Tür eilen und mit schweren Heulanfällen reagieren, wenn er nicht mit darf. Ganz wichtig also: Gewöhnen Sie bereits den jungen Dackel daran, dass nicht jedes Schlüssel-in-die-Tasche-Stecken und Schuhe-Anziehen einen gemeinsamen Ausflug nach draußen bedeutet. So schrecklich es klingt: Da müssen Sie diesen Schlauberger einfach ein paar Mal »frustrieren«. Also das ganze Fortgeh-Prozedere ausführen und ohne ihn verschwinden. Nur für fünf bis zehn Minuten, er soll ja das Gefühl bekommen, dass Ihr Weggehen kein Weltuntergang ist, sondern durch ein Wiederkommen und das dazugehörige herzliche Begrüßen belohnt wird.

KLEINE PFLEGEANLEITUNG

Allzu viele Hygienemaßnahmen braucht es bei einem Babydackel nicht. Kurzhaarige werden mit einem weichen Bürstchen mehrmals die Woche gekämmt, die Rauhaarigen, die ja meist mit wenigen Monaten noch sehr plüschig sind, mit einer etwas festeren Bürste und die Lang-

Beim Übergang vom Babyfell zum Erwachsenenfell sind Dackel echte Wonneproppen, die es sehr schnell heraushaben, wie der Dackelblick gewinnbringend einzusetzen ist.

haarigen dürfen jeden Tag unter einen feinen Kamm. Aufpassen sollte man bei den Ohren, dass weder Pflanzensamen, Ästchen, Kletten oder andere Lästigkeiten sich hineinverirren oder die feinen Haare verfilzen. Auch Essensreste müssen aus dem Fell. Immer empfindlich sind Dackelaugen, hier kann man schon beizeiten beginnen, den Hund an tägliches Auswischen der Augenwinkel zu gewöhnen. Die tägliche Fürsorge bei Fell, Augen und Zähnen erweist sich bei späteren Tierarztbesuchen als nützlich – so sind die Kleinen ans Angefasst-Werden gewöhnt.

Die Rüpelphase

Kaum ist der Welpe über die verspielten ersten Wochen und Monate hinweg, hat die ersten Schuhe und Decken zerlegt, das System Gassigehen verstanden und ist von fünf Babymahlzeiten auf vier pro Tag umgestiegen, da setzt vorzugsweise beim männlichen Dackel die Rüpelphase ein. Um es gleich einmal vorwegzunehmen: Die Rüpelphase ist nicht mit der Pubertät bei menschlichen Jugendlichen gleichzusetzen: Beim Dackel kann aufgrund seiner hohen Lebenserwartung die Rüpelphase bis zu fünf Jahre dauern. Der Vorteil ist, dass Sie sich spätestens im fünften Jahr daran gewöhnt haben und die Veränderung zur erwachsenen Gangart fast etwas enttäuscht registrieren.
Aber bleiben wir bei der wohl dackeltypischsten Lebensphase, dem Rüpeln. Der kleine Dackel ist nun ein Dreivierteljahr alt und ein Energiebündel. Wer nicht die Zeit hat, jeden Tag mindestens zweimal eine halbe Stunde und zweimal

die Woche stundenlange Spaziergänge zu machen, möge sich eine Hunderasse aussuchen, die mit weniger zufrieden ist. Der Dackel ist es nicht, er kann rennen, zur Not auch tagelang, was seiner ursprünglichen Zuchtbestimmung zu verdanken ist: Im Wald ist der jagdliche Dackel bisweilen stundenlang nur auf sich gestellt, um im verzweigten Bau von Fuchs und Dachs nach dem Räuber zu suchen. Mit seinem Jäger kann und will er auch Tagesmärsche absolvieren. Und trifft den Dackel der Pfeil Amors, hat es nicht selten Dackel gegeben, die sich drei Tage die Seele aus dem Leib gelaufen sind, um ihrer Liebsten nahe zu sein. Dies alles gilt es zu berücksichtigen, wenn man den adoleszenten Dackel zufriedenstellen möchte.

Hinzu kommt bei einigen ausgelassene Spielfreude. Herumzerren von zusammengedrehten, ausgemusterten Socken erinnert an das Schütteln von Beute, weglaufen, Fangen spielen – der heranwachsende Dackel kann das alles stundenlang. Auch Ballspiele mögen manche, wobei

der Dackel kein Retriever ist und auf Spiele, die Hochspringen erfordern, sollte aus Rücksicht auf das lange Kreuz verzichtet werden.

Suchspiele sind für den Dackel das höchste. Wenn sich keiner darum kümmert, übernimmt der Dackel die Regie, nicht immer zur Freude jedes Gartenbesitzers. Maulwurfs- und Mäusegänge werden akribisch verfolgt, so mancher Rasen gleicht nach einer Dackelattacke einem archäologischen Grabungsfeld. Wer Dackelbesitzer ist und einen Garten sein eigen nennt, sollte entweder mit Konsequenz das Graben verbieten oder besser dem Hund ein abgezäuntes Revierchen zur Verfügung stellen. Nichts macht ihn glücklicher als nach einer Stunde Graben, den Kopf voller Erde, die Pfötchen bis zur Schulter voll Schlamm, hechelnd aus dem Erdloch aufzutauchen. Dann muss der Bursche meist gebadet werden. Geben Sie acht auf die Ohren, es sollten weder Wasser noch Erdreste in die Hörgänge gelangen, danach Augenumfeld reinigen und reichlich Wasser reichen: Graben macht durstig.

Der Dackel als ABC-Schütze

Keine Frage, eine Hundeschule kann einem Dackel nicht schaden. Zum einen lernt er von Anfang an, dass es auch andere Hunde außer ihm gibt, und zum Zweiten ist gerade bei Dackelneulingen so mancher Erziehungsrat gut investiert. Stellt sich bei einer Hundeschule heraus, dass Bringspiele und Agility passende Sportarten für den kleinen Kurzbeiner sind, kann man ja auch da den Bewegungstrieb stillen.

Wer auf einen exakt parierenden Dackel Wert legt, sollte sich bei einem der regelmäßig stattfinden Kurse in den örtlichen Jagdverbänden anmelden: Dort werden nicht nur die Grundkommandos geschult, sondern auch Freilauf, Spurensuchen und exaktes Bei-Fuß-Gehen. Die anschließende Begleithundprüfung ist bei Dackeln kein Schaden und bringt dem jungen Hund auch ein Maximum an Unterhaltung. Das heißt ja nicht, dass Sie sich nun selbst dem

Waidmannstum verschreiben, Sie geben dem Hund lediglich ein Umfeld, für das er einmal gezüchtet wurde, halten ihn also artgerecht. Dem heranwachsenden Dackel taugt alles, was seine Intelligenz schult, seine Wachsamkeit fordert und seinen Bewegungsdrang befriedigt. Als Belohnung werden Sie einen ausgeglichenen, sozialen, ausgesprochen humorvollen Hausgenossen bekommen – Vorzüge, die das Zusammensein mit dem adulten Dackel inspirierend und kommunikativ werden lassen.

VON SICH AUS WÜRDE KEIN DACKEL VOR EINEM HINDERNISLAUF ZURÜCKSCHRECKEN, ABER AUS RÜCKSICHT AUF SEINEN EMPFINDLICHEN RÜCKEN SOLLTEN BEWEGUNGSSPIELE OHNE GROSSE HÜPFER ABGEHEN.

KRAFTPAKET AUF KURZEN PFOTEN

STURM UND DRANG DES ERWACHSENEN DACKELS

Tatsächlich scheint der Dackel einen Jungbrunnen in sich zu tragen, frei nach dem Motto: Erwachsensein war gestern. Denn der Dackel bleibt ein ewiger Stenz. Einer, der aus Helmut Dietls Filmen gefallen sein könnte, würde Dietl Tierfilme drehen. Ein Baby Schimmerlos, ein Zettl, ein Vorstadtstrizzi wie Tscharlie aus der Fernseh-Kultserie »Münchner Geschichten« – all jene stark süddeutsch eingefärbten Charaktere, die den Charme und eine gehörige Portion Chuzpe in sich tragen, um allen Lebenssituationen ein Maximum an Spaß abzutrotzen. Aber im Gegenzug auch das Cholerische in sich haben, wenn ihnen etwas gegen den Strich geht. Wie bitte, werden Sie

jetzt sagen, und das soll auf einen Dackel aus Südkorea (ja, dort gibt es nicht wenige Dackelliebhaber), New York (Dackel prägen dort das Stadtbild) oder Buenos Aires (in keiner Stadt der Welt sind die professionell ausgeführten Hunderudel größer) auch zutreffen?

Die Antwort ist so schlicht wie bestechend: Der Dackel bleibt trotz aller Internationalität eine Art »Bayer« mit all seinen Wesenszügen. Die ursprünglich in Alpenraum gezüchteten Schweißhunde, deren Existenz seit dem Mittelalter belegt ist, haben sich trotz aller Zivilisationsversuche recht viel ihres ursprünglichen Verhaltens erhalten – die geografischen Herausforderungen prägen nicht nur die Menschen, sondern eben auch die Tiere einer Gegend.

Der heutige Dackel hat noch mindestens so viel Jagdinstinkt in sich wie seine arbeitsamen Vorfahren. Er ist ein unermüdlicher Schnüffler und liest, wenn man ihn lässt, den ganzen Tag Fährten. Er hat eine gehörige Portion Krawall in sich, die ihn – vorsichtig ausgedrückt – nicht gerade konfliktscheu macht. Seine Energie reicht für mehrstündige Spaziergänge, aber auch für Mantrailing-Training, Apportierübungen und unermüdliche Versuche, eine Decke durch die Wohnung zu zerren.

Neben all den agilen Eigenschaften ist der erwachsene Dackel natürlich – und hier wird er seinem Ruf vollständig gerecht – eine einzige Charme-Offensive. Die Ohren leicht erhoben, den Blick mit kummervoll oder hellwach hoch-

gezogenen Augenbrauen verstärkt, kann er seine Herrschaft oder alles, was er dazu zählt, minutenlang fixieren. Ziel scheint zu sein, an der kleinsten Reaktion etwas ablesen zu können. Gassi gehen, bald? Fressen machen, ja? Spielzeit, sofort? Oder sollte man sich besser ins Körbchen trollen und mal für eine halbe Stunde Ruhe geben? Ist es schon Morgen und kann man deshalb Frauchen oder Herrchen schon lauthals wecken?

Alle Eventualitäten wird der Dackel im Laufe seines Erwachsenenlebens »zu lesen« lernen. Er wird die kleinsten Zeichen verstehen und

seinerseits viel zur Verbesserung der Kommunikation beitragen. Denn eines ist ihm wichtig: als gleichwertig zum Menschen gesehen zu werden. Das kann bisweilen zu leichten Verschiebungen in der Rangfolge einer Familie führen.

Grundsätzlich spekuliert der erwachsene Dackel auf den Posten des Alphatiers. Kaum zu verdenken, schließlich hat ihn seine frühere Tätigkeit als Jäger im Bau dazu gebracht, Entscheidungen alleine zu fällen. So viel instinktgestützte Selbstständigkeit ist nicht durch einfache Kommandos abzutrainieren. Der Dackel muss schon verstehen, warum er etwas machen soll

O B KRAWALLNUDEL (SIEHE VORHERGEHENDE SEITE) ODER ARTIGER BEGLEITER, DIE MEISTEN DACKEL STICHT TROTZ BESTER ERZIEHUNG IMMER WIEDER DER HAFER. KLARE KOMMANDOS – SANFT IM TON, ABER EINDEUTIG IN DER SACHE – SIND DAHER EIN LANGES DACKELLEBEN LANG GUT INVESTIERT.

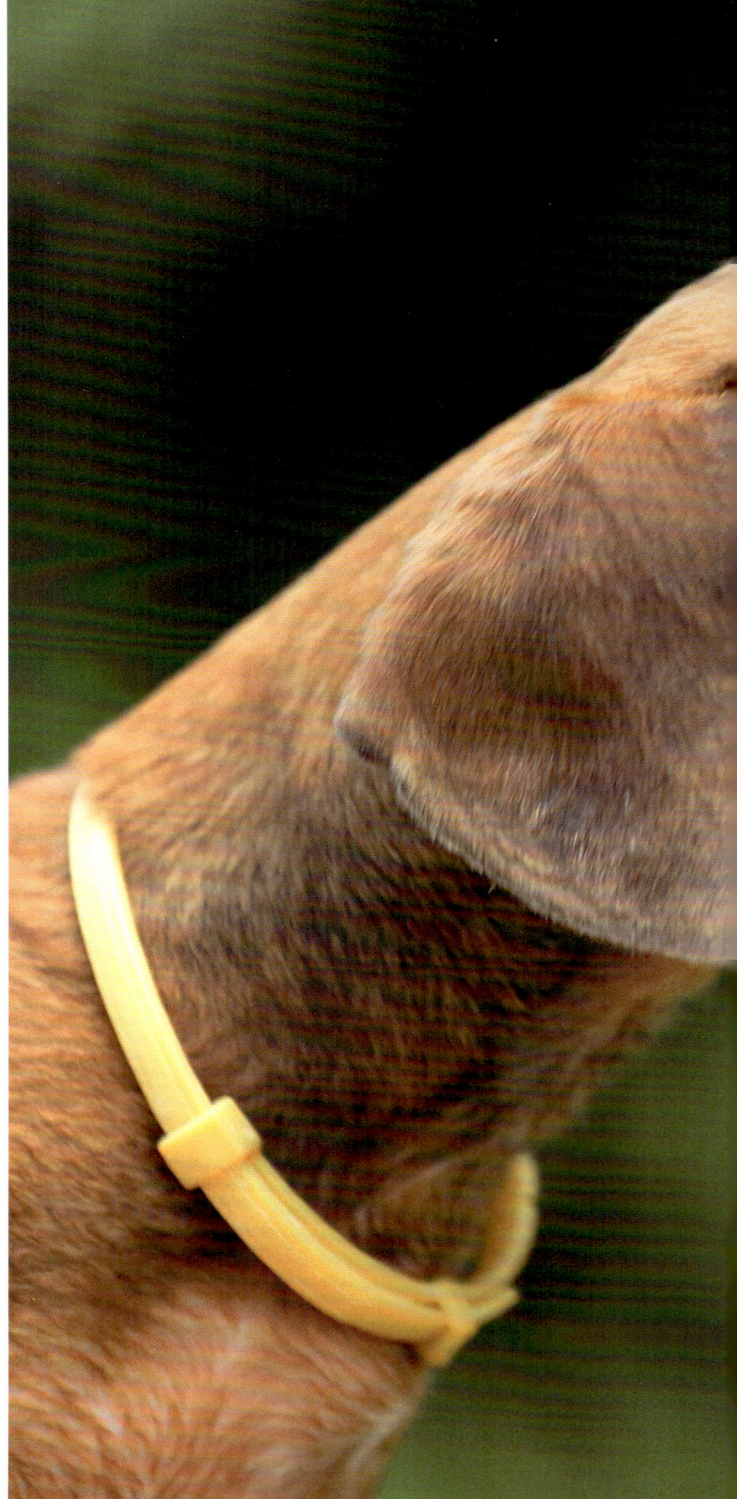

und warum nicht. Vielleicht ist deshalb beim Dackel ein kleiner Tick mehr Disziplin bei der Erziehung gefordert, auch wenn einem Dackelneuling das angesichts der Größe des Hundes absurd erscheint.

DIE ERZIEHUNG DES STÖRRISCHEN

Es gibt bei der Erziehung des Dackels ein paar Zauberwörter: liebevolle Konsequenz und Einfühlungsvermögen. Denn in der Brust des kleinen Dackels schlagen mehrere Herzen: das Herz des Schelms und Hofnarren, das Herz des Jägers und einsamen Fährtenlesers, das Herz eines Löwen und das Herz eines liebesbedürftigen Begleiters mit Anspruch auf Bequemlichkeit. All diese widersprüchlichen Eigenschaften müssen Frauchen und Herrchen bewusst sein. Dann sind manche Reaktionen des kleinen Lieblings nicht mehr ganz so überraschend.

GRUNDÜBUNGEN FÜR PUBERTIERENDE

Nachdem der kleine Dackel, schlau wie er ist, recht schnell verstanden haben wird, dass das Gassigehen nur draußen stattfindet, sind noch einige andere Verhaltensregeln wichtig.

Für eine erfolgreiche Dackelerziehung sollten zuallererst Sie verstehen, was der Dackel Ihnen sagen möchte. Nur so können Missverständnisse ausgeschlossen und kann Vertrauen aufgebaut werden. Schließlich will der Dackel nicht absichtlich nicht folgen, er hat nur ein Antennchen dafür, ob man es ernst mit seiner Erziehung meint oder »nur« drauflosprobiert. Da reagiert er dann raffiniert und kann Sie richtig an der Nase herumführen.

Dackelchen, die aus einer guten Züchtung oder einem soliden Elternhaus kommen, haben schon in der Welpenphase, also bis zur achten Woche, verstanden, worauf es im Rudel ankommt, egal ob der Welpe schüchtern, forsch

oder hyperfreundlich ist – sie sind gruppensozialisiert und somit bestens auf eine Welpenschule vorbereitet. Wenn Sie denken, solche Kindergärten für junge Hunde seien nichts für Ihren Liebling, vergessen Sie nicht: Gerade der Dackel hat ein ordentliches Dominanzverhalten, das es beizeiten in erträgliche Bahnen zu lenken gilt. Gruppenarbeit zwischen dem vierten und zwölften Monat ist also eine Investition in die Zukunft und macht vieles leichter.

Ganz abgesehen vom Spaßfaktor, der beim Dackel nicht zu kurz kommen darf. Spielerisch werden die kleinen Hunde bei einer guten Welpenschule auf Rangverhalten, Dominanz, Unterwerfung und Spielen im Rudel vorbereitet. Natürlich tun es auch Ausflüge auf eine »Hundewiese« im Park, wenn man sicher sein kann, dass keine älteren und größeren Hunderüpel dem Junghund den Schneid abkaufen. So etwas merken sich die kleinen Schlauberger und können mit Angstschnappen und Verstört-

heit reagieren. Kluge Herrchen und Frauchen kennen ihre Pappenheimer und schützen den Kleinhund oder suchen sich andere Junghundbesitzer zu gemeinsamen Ausflügen. In jedem Fall ist es höchste Zeit, dass Sie als Halter die Grundbegriffe der Dackelsprache lernen.

DER DACKEL REDET, WIE IHM DAS MAUL GEWACHSEN IST

Der kontemplative Dackel: Lässig hängende Ohren, locker baumelnde Rute, null Falten auf der hübschen Stirn: So steht der entspannte Dackel und denkt vor sich hin. So gut wie nie kommt diese Haltung draußen vor, denn dort gibt es viel zu viel zu entdecken.

Der »Was geht ab«-Dackel: Ohren aufgestellt und leicht nach vorne weisend, das Mäulchen geöffnet wie zum Grinsen, womöglich noch eine Pfote erhoben und den Schwanz wie eine

Antenne auf Empfang. Das ist eindeutig die Aufforderung zum Spiel, Gassigehen oder zu sons-
tiger Beschäftigung. Der Dackel ist in dieser Disziplin Meister. Wird sein freundliches Werben
nicht erhört, kann er betont beleidigt abziehen.

Der beleidigte Dackel: Steifbeiniges Stolzie-
ren, die Ohren leicht nach hinten gezogen, das
Haupt erhoben, die Schnauze unentspannt,
trollt sich der beleidigte Dackel in sein Körbchen. Hat er Flausen im Kopf, kann auch etwas
zernagt werden, was von Bedeutung ist, zum
Beispiel die Leine, Frauchens neuer Schuh oder
die eigene Decke.

Der Hau-drauf-Dackel: Brust raus und längen-
mäßig auf das Doppelte anwachsen. Ohren
wie ein indischer Elefant nach vorn gestellt und
eine Rute, die man auch als Laserschwert be-
nutzen könnte. Diese Zeichen weisen auf den
hoch konzentrierten Dackel hin, der einem kleinen Kräftemessen nicht abgeneigt wäre. Meist

sieht er in der Ferne einen Artgenossen oder verschwommene Konturen, denn mit den Augen hat es der Dackel nicht so. Lange bevor diese präzise wahrnehmen, haben Riechorgan und Ohren schon ganze Arbeit geleistet. Der Geruchssinn beim Hund ist ein Hochleistungszentrum. Hat der Mensch 25 Millionen Riechzellen, sind es beim Hund 125 Millionen und beim Dackel können wir noch ein paar Millionen draufpacken, denn sein Revier sind die Duftstoffe des Bodens.

Der Dackel gegenüber: Blickt ein Dackel in den Spiegel, sieht er ein Tier mit mindestens 90 Zentimeter Schulterhöhe und 40 Kilogramm Kampfgewicht. Diese leichte Selbstüberschätzung hat schon so manchen Dackel

AGGRESSION UNTER RÜDEN, REVIERKÄMPFE UND DOMINANZVERHALTEN SIND DIE OFT UNERWARTET RAUEN SEITEN AM DACKEL.

in Teufels Küche gebracht. Sollte Rüde auf Rüde treffen, kann das Imponiergehabe wirken wie beim Löwentreffen in der Serengeti. Ohne Leine geht ein Abchecken meist friedlich und respektvoll ab. Bei zwei unkastrierten Männchen an der Leine kann das Imponieren bald in Drohen umschlagen und die beiden geraten in Kampfrausch. Gesträubtes Rückenhaar, gekräuselte Schnauze mit sichtbaren Zähnen, Kehllaute und abgesenkter Schwanz sind sichere Zeichen, dass den Hundeherren das Messer in der Hose aufgeht. Entweder meidet man dann den direkten Kontakt oder man lässt beide nach Absprache mit dem anderen Herrchen oder Frauchen von der Leine, das entzerrt das Revierverhalten. Wichtig ist, dass sich die Hunde gefahrlos bewegen können und nicht vor lauter kopflosem Imponieren vor ein Auto rennen.

Der Hosenscheißer: Angstvoller Blick in Richtung Herrschaft, eingeklemmte Rute, zappeliger

Gang, gebogener Rücken. So viel Schüchternheit erzeugt Schützerinstinkte. Allerdings macht es keinen Sinn, den Hund bei jeder Kleinigkeit hochzunehmen oder zu trösten. Er wird sich die Stimmlage rasch merken und den Bettelblick immer einsetzen, wenn es ihm angenehm scheint, z.B. bei Regen, wenn Fleisch auf dem Tisch steht oder er müde ist. Wohl dem, der dann seinem ängstlichen Hündchen mittels Sozialtraining ein wenig Mut antrainiert hat und nicht bei jedem »Dackelblick« gleich in die Knie geht.

Der Unterwürfige: Die Unterwerfung, das Auf-den-Rücken-Legen, ist eine Maßnahme der Deeskalation. Die Geste zeigt Demut und hilft dem Angreifer, würdevoll Abstand von einem Kräftemessen zu nehmen. Zugegeben, das Demütigsein ist keine Haupteigenschaft des Dackels, aber in letzter Konsequenz weiß er natürlich, dass es unter Hunden einen Verhaltenskodex gibt. Auch beim Begrüßen der Herrschaft werfen sich viele Dackel mit Kopf und Rumpf auf den Boden, scharren mit den Füßen und freuen sich voller Respekt auf Herrchens oder Frauchens Zuneigung. Diese sollte dann auch maßvoll und lobend erfolgen. Damit weiß ein Dackel: Mit dieser Geste fahre ich gut. Und ganz nebenbei ist es natürlich rührend, wenn sich der kleine Kerl freut, als gäb's kein morgen.

Der »Lauser«: Mehr als in jedem anderen Hund steckt im Dackel ein Komiker: Wenn er mit beiden Vorderpfoten zugleich in der Luft rudert, Männchen macht, als entstamme er einer Dynastie von Zirkushunden, Schubkarre spielt, indem er auf Kinn und Vorderpfoten übers Parkett schlittert, oder erwartungsfroh den Morgenkasper gibt und dabei mit seinem Schwänzchen einen Trommelwirbel veranstaltet, als wäre er bei einer Militärkapelle. Je mehr über einen Dackel gelacht wird, umso mehr lernt der Hund, dass er für gute Laune sorgen kann, wenn er denn nur will.

COACHEN STATT ERZIEHUNG

Ein Dackel mit all seinen Facetten braucht eine starke Hand. Allerdings sind hierbei nicht Muskelstärke oder Strenge gemeint, sondern Auftreten und Verlässlichkeit. Hunde kommunizieren über Körpersprache, und Frauchen und Herrchen sollten sich diesen Umstand zunutze machen. Denn ein urwüchsiger Hund wie der Dackel kann mit eindeutigen Zeichen gut umgehen. Tritt man einem Hund respektvoll, aber nicht Furcht einflößend gegenüber und unterstreicht seine in Tonart und Lautstärke bestimmten Worte, wird er die passende »Message« bald begreifen: Er soll im Garten kein Löcher buddeln? Dann nehmen Sie Ihren Hund sanft von der Buddelstelle und bestätigen dies mit einem »Nein«, gerne mit passender Zeigefingerbewegung. Vermutlich wird der Hund nicht beim ersten Mal vom Buddeln abkommen, aber das Wort »Nein« wird sich dem Dackel einprägen,

wenn es gezielt eingesetzt wird. Hört ein Dackel das Kommando »Nein« zu oft, wird er es als Grundraunen abspeichern und dem keine weitere Bedeutung mehr beimessen.

Gelegentlich wird man das »Nein« auch mit einem beherzten Griff in die Nackenfalte unterstreichen müssen. Niemals so, dass es wehtut, aber so fest, dass der Unterwerfungstrieb geweckt ist.

Einen ängstlichen Dackel muss man bestärken: freundlich sich zu ihm auf eine Ebene begeben, sich hinknien und ihn nicht dominieren. Bald schon wird er Vertrauen fassen und mit dem Erschnuppern beginnen. Bei diesen Tieren muss Erziehung sensibel erfolgen, aber nicht minder konsequent. Kleine Mutproben wie das Durchklettern von Spielröhren gehören da genauso dazu wie Beziehungsarbeit, also zum Beispiel Suchen und Verstecken spielen und Spaziergänge in der Gruppe.

Zügellose Dackel brauchen schlicht und ergreifend viele Aufgaben und Bewegung. Ein un-

terbeschäftigter Dackel kann zur Nervensäge werden. So einem Aktivbolzen ist spielerisch eine Menge beizubringen. Das Prinzip heißt Belohnung. Ausgelassenes Jubeln, sich freuen, wenn der kleine Racker etwas wirklich gut gemacht hat – das wird er sich merken. Gezielte Erziehungsarbeit, wie das Beibringen von »Sitz«, »Platz«, »Komm«, »Bring« und »Aus« werden am Anfang auch mit Leckerchen verstärkt. Jedes erfolgreich absolvierte Kommando wird mit einem winzigen Leckerchen belohnt. Später werden die Erziehungsstunden nur noch gelegentlich mit Naschereien unterstützt, denn schließlich müssen die Kommandos irgendwann so sitzen, dass sie nur auf Zuruf funktionieren, zumindest ansatzweise.

KOMM

Es gibt die lebensnotwendigen und die kosmetischen Kommandos. »Komm«, »Sitz«, »Bleib«,

DIE MEISTEN DACKEL SIND GEDULDIGE UND AUFMERKSAME ARBEITER, DIE GUTER ERZIEHUNGS-PERFORMANCE VIEL ABGEWINNEN KÖNNEN. VORAUSSETZUNG: ES MUSS UNTERHALTSAM, ERFOLGVERSPRE-CHEND, TEMPOREICH, SPIELERISCH UND DABEI LIEBEVOLL ZUGEHEN.

OHNE DABEI DEN KOPF ZU
DREHEN, KANN EIN DACKEL-
AUGE EINEN GERADEZU UNMÖGLICHEN
RADIUS ABDECKEN, UM AM LAUFEN-
DEN ZU BLEIBEN, WAS SEINE
UMGEBUNG BETRIFFT.

»Aus« gehören zu den Basics. »Such den Ball«, »Links«, »Rechts«, »Dreh dich« sind Etüden, die Kür und nicht Pflicht sind. Schon ab dem vierten Monaten kann und soll der Junghund an Kommandos gewöhnt werden. Einfach ist es beim »Komm«. Immer wenn der Hund etwas entfernt von einem sitzt, ruft man »Komm« und lockt ihn mit einem Leckerli, das er auch nach erfolgreicher Tat bekommt.

Das Wichtigste wird sein, dass das Kommando auch draußen beherzigt wird, mitten im Spiel, beim Schnüffeln oder beim einsetzenden Jagdfieber und dann auch ganz ohne Belohnung. Zum »Komm« gehört untrennbar das …

SITZ

Wer das »Komm« richtig üben will, kommt um das »Sitz« nicht herum. Mit einem Leckerchen in der einen Hand bewaffnet, das man etwas über Augenhöhe des Hundes hält, streicht man dem Dackel mit der anderen über den Kopf bis zum Po und sagt beruhigend »Sitz«. Da er grundsätzlich wissen möchte, was sich in der Hand befindet, wird er sich hinsetzen und versuchen, dem Leckerchen nachzuschauen. Wenn er rückwärts geht, weil er ja ein schlauer Hund ist, muss man die Übung vor einer Wand machen. So lange, bis das Wort »Sitz« samt der passenden Bewegung in Leib und Magen übergegangen ist. So etwas funktioniert natürlich nicht an einem Nachmittag.

Bitte immer bedenken: Je jünger der Hund, desto schneller ist er erschöpft. Zum Lernen braucht man aber Konzentration und Spaß, beides geht nur mit dem ausgeruhten Hund. Kleine Lernspieleinheiten pro Tag bringen nicht nur Abwechslung ins Hundeleben, sondern machen auch die Erziehungsarbeit zu einer kurzweiligen Angelegenheit, die nicht an den Nerven zerrt – weder beim Hund, noch bei seinen Herrchen oder Frauchen.

PLATZ

Wenn das »Sitz« im wahrsten Sinne des Wortes sitzt, ist die Krönung, das »Platz«, dran. Dabei soll der kleine Wildfang nicht nur mit dem Popo auf dem Boden, sondern mit dem »ganzen Hund« dort liegen, also Vorderpfoten, Schnauze, Leib und Hinterläufe. Wenn's geht, sollte auch noch der Schwanz unten sein, denn ein aufgestelltes Schwänzchen beim Dackel heißt immer, dass die kleine Laufmaschine schon zum Losstürmen bereit ist.

Beste Methode, den Hund zum »Platz« zu bringen, ist, ihn mittels Leckerchen zum Liegen zu bewegen. Wenn das, dank ausgiebigem Lob und kleiner Belohnung, reibungslos klappt, darf's im Lernprogramm auf Stufe zwei gehen: Sobald der Hund liegt, entfernen Sie sich ein paar Schritte von ihm, und natürlich muss der kleine Kerl dann immer noch liegen bleiben. Es wird eine Weile und einige Leckerlis lang dauern, bis das verstanden wird. Erst dann bekommt die Übung

Variationen. Sie werden dann nicht nur ein paar Schritte weggehen, sondern auch um den Hund herum, in immer größeren Kreisen.

Ziel ist es, dass der Hund, egal, welche Handstände Sie aufführen, liegen »bleibt«. Dazu kann es kommen, wenn Hund und Halter Geduld und Zeit mitbringen. Denn es ist noch kein »Bleib«-Meister vom Himmel gefallen, und der Dackel ist zwar sicherlich intellektuell schnell in der Lage, das Kommando zu begreifen, aber seine Agilität und sein Sinn für Humor werden Erziehungsversuche grundsätzlich und per se boykottieren: frei nach dem Motto: »Lass uns schauen, was Herrchen/Frauchen so drauf hat!«

BLEIB

Jetzt wird's verzwickt. »Bleib« ist Dackels Sache nicht, denn er hat ja Hummeln im Allerwertesten und ist neugierig wie der sprichwörtliche Harry. Wenn das »Platz« funktioniert, ohne dass Sie

neben dem Hund knien und ihm die Schnauze auf den Boden drücken (was eh nicht ratsam ist, weil das den Widerstand jedes stolzen Dackels weckt), kann das große Einmaleins der Dackelerziehung begonnen werden. »Bleib« ist das Kommando, das dem Bock im Dackel ordentlich zuwiderläuft. Denn er will mit, egal was der Tag bringt. Und das will er an Herrchens oder Frauchens, also an Ihrer Seite. 24 Stunden lang. »Bleib« ist blöd. »Bleib« heißt: Jemand geht weg und Dackel bleibt da. Auch wenn der Hund Sie weiterhin sieht und nur zehn Meter zwischen Ihnen liegen, es wird ihn in allen vier Pfoten jucken, Ihnen nachzueilen. Manche Dackel sind wahre Bodenakrobaten und robben heimlich vorwärts. Andre jaulen wedelnd, und wieder andere verlieren sich in Übersprungshandlungen wie dem Betrachten der eigenen Genitalien oder Abschlecken der Pfoten. Egal, wie, Hauptsache, der Hund bleibt, bis Sie ihm das Kommando »Komm« zurufen, das bei der Gelegenheit prächtig trainiert werden kann.

AUS

Es ist ja schon mehrmals die Rede vom sprichwörtlichen Dickkopf des Dackels gewesen. Der macht natürlich vor Eigentumsansprüchen nicht halt. Um zukünftige Konfliktsituationen zu vermeiden, sollte das »Aus« dem Hund geläufig werden. Kaut der noch junge und somit lernfähige Dackel an einem Lieblingsknochen, kann man versuchen, ihn mit einem anderen Spielzeug davon abzubringen. Lässt er los, wird das Kommando »Aus« gesagt und er bekommt zur Belohnung das andere Spielzeug. Mit ein wenig liebevollem Training wird sich ihm das »Aus« als gutes Kommando einprägen, das mit verschiedenen Gegenständen trainiert werden kann. Das Kommando »Aus« kann im Freien überlebenswichtig sein, wenn der kleine Dachshund einen gammligen Knochen oder einen Wurstzipfel findet, den er naturgemäß nicht ausspucken möchte: Hier muss das »Aus« den Reflex des Ausspuckens auslösen, zu groß ist die Gefahr einer Vergiftung oder des Verschluckens.

ÄLTERE DACKEL SCHEINEN OFT MIT EINER FERNÖSTLICHEN WEISHEIT AUSGESTATTET. DIE DACKELBESITZER WERDEN DANN FÜR DIE MÜHE BEI DER ERZIEHUNG BELOHNT, DENN DIE KOMMANDOS SITZEN UND DIE TOLLHEITEN HALTEN SICH IN GRENZEN.

NEIN

Jetzt wird's auch für den Teckel ernst: Nein heißt nein. Und die dazugehörige Übung zerrt zunächst ganz schön an Dackels Geduld.
Sie nehmen ein Leckerchen in die geöffnete Hand, die Sie vor die Dackelschnauze halten. Will er zugreifen, schließen Sie die Hand blitzschnell. Dann wieder öffnen. Das Ganze wird so lange wiederholt, bis der Hund zögert und kapiert, was das Wort »Nein« bedeutet. Dann loben Sie den Hund, öffnen die Hand und sagen »Nimm«!

Wie alle Übungen mit Dackel will gut Ding Weile haben. Nichts wird an einem Tag erlernt, aber alles kann in wenigen Wochen begriffen werden. Da beim Dackel immer wieder Zweifel an der Herrschaft des Menschen durchbrechen, sollten solche Übungen ein ganzes Hundeleben lang spielerisch in den Alltag mit einfließen.

HALLO? BITTE, WER KOMMT DENN DA? EINE DACKELGANG FUNKTIONIERT WIE EINE PEERGROUP: KEINER WILL ZURÜCKSTEHEN BEIM GEMEINSAMEN TUN. DAS GILT FÜR BELLEN, BEGRÜSSEN UND SCHMUSEN GLEICHERMASSEN.

LASS MICH BITTE NICHT ALLEIN

Wer beim Verlassen des Hauses je einem Dackelblick widerstehen musste, weiß, was es heißt, den Dackel zurückzulassen. Und so mancher Dackel hat schon Strategien entwickelt, die das Sozialleben ganzer Familien zum Erliegen brachten, weil niemand mehr den Hund allein lassen wollte. Von Anfang an ist es deshalb wichtig, dem raffinierten Racker beizubringen, dass es Sachen gibt, die auch ohne ihn stattfinden.

Auch dazu gibt es ein Rezept. Den Hund kurz streicheln und mit den Worten »Du bleibst da« die Haustür hinter sich schließen. Sie sollten dann nur wenige Minuten wegbleiben, damit erlebt der Hund, dass Sie wieder zurückkommen, und zwar sehr bald. Wichtig ist, dass Sie sich von etwaigem Bellen oder Heulen nicht wieder zurücklocken lassen. Denn eine solche

Reaktion merkt sich der Dackel sofort und setzt dieses wirksame Mittel demnächst wieder ein. Die Übungen werden natürlich erweitert: Bleibt man zunächst nur einige Minuten weg, werden daraus eine halbe Stunde, später auch mal zwei.

Idealerweise geht man mit dem Hund Gassi, bevor man ihn alleine lässt. Das und Füttern ermüden den Hund und im Idealfall verschläft er Ihre Abwesenheit. Lässt sich ein Hundchen so gar nicht beruhigen, sollten Sie sich Hilfe bei einem Hundetrainer holen. Denn sowohl Hund als auch Mensch profitieren davon, wenn einmal Pausen ins Zusammenleben kommen.

Eine Faustregel sollte allerdings immer gelten: Lassen Sie den Hund immer nur so lange allein, wie Zeit zwischen den Gassi-geh-Runden liegt. Dackel sind Spießer, sie wollen einen Rhythmus und den wollen sie einhalten. So einfach oder so schwer ist das.

EINEN GERUCH, DEN MAN KENNT, EIN DECKE AUS KINDERTAGEN. AUTOFAHREN MUSS MAN KLEINEN DACKELN ERST SCHMACKHAFT MACHEN, DAMIT ES FÜR ZUKÜNFTIGE ZEITEN GUT FUNKTIONIERT.

AUTO FAHREN UND REISEN

Dackel sind echte Kletten. Sie wollen dabei sein, ob daheim oder auf Reisen. Alleine zu Hause bleiben ist ihre Sache nicht, auch wenn sie durchaus clever genug sind, das Signal »du bleibst da« zu verstehen. Genauso auf Zack sind sie aber auch, wenn Taschen gepackt werden und Schlüsselgeklapper einen nahen Ausflug ankündigt. Dann sitzt der Dackel neben der Tür und hat die Ohren aufgestellt. Nicht selten fällt der Hund allerdings in sich zusammen, wenn der Ausflug nur bis zur Autotüre geht. Viele Dackel, vor allem im Welpenalter, werden bei Fahrten in Bus oder Auto reisekrank. Die allererste Fahrt mit dem Auto, meist weg vom Züchter oder seiner Familie, kann da schon prägenden Schaden anrichten. In der Regel steht die erste Fahrt unter großem Stress. Die neuen Herrchen und Frauchen holen das junge Tier von seiner Mutter weg.

Und los geht die Fahrt ins Abenteuer in einem schaukelnden Gefährt, womöglich noch in einer Transportbox, die nicht nach Hundemama, sondern nach Plastik stinkt.

Bitte gestalten Sie die erste Fahrt als positives Erlebnis, zu leicht werden kleine Tiere auf frühe unschöne Erfahrungen konditioniert. Wie bereits geschrieben, ist das Angewöhnen an die Transportbox der erste Schritt. Eine weiche, nach Hundemama duftende Decke hinein und ein alter Pullover von der neuen Herrschaft – damit ist schon einmal die Nase beruhigt.

Zwei bis drei Stunden vor der Fahrt sollte der Hund nichts mehr zu essen bekommen. Ein kleiner, dem Welpen angemessener Spaziergang vor der Fahrt ermüdet und lenkt ab. Ist die Transportbox samt Hundekind mit dem Sicherheitsgurt quer zur Fahrtrichtung verstaut, kann die Fahrt vorsichtig und ohne flottes Tempo losgehen. Manche Hundehalter schwören auch auf die Gabe homöopathische Mittel vor der Fahrt. Muss sich der Dackel trotzdem über-

GEWIEFTE DACKEL-SENIOREN LAS-SEN SICH BEI LANGSAMEM TEMPO SCHON MAL GANZ GESCHMEIDIG DEN FAHRTWIND UM DIE SCHNAU-ZE BLASEN, AUCH WENN SIE AN-GEGURTET AUF DEM RÜCKSITZ ODER IN EINER TRANSPORTBOX VIEL BESSER AUFGEHOBEN WÄREN. ABER WER SIND WIR DENN? DACKEL, EBEN!

geben, trösten Sie ihn kurz, ohne die Situation zu dramatisieren. Genügend Handtücher haben Sie sowieso dabei, damit der Mageninhalt nicht im Auto spazieren fährt. Eventuell müssen Sie auch anhalten und dem Hund einen Schluck Wasser anbieten. Eine Plastikflasche mit frischem Wasser und Schüsselchen sollten bei keiner Fahrt fehlen – im Sommer sind diese Accessoires unerlässlich.

Alle Tipps, die für den Welpen gelten, sind selbstverständlich auch für den älteren Dackel zur Nachahmung geeignet. In der Regel werden aber die Dackel mit zunehmender Reife »seefester« und Autofahrten sind dann für den Dackel ein echtes Rudelerlebnis auf engstem Raum, das er sehr schätzt.

Beim Aussteigen aus dem Wagen gilt: Der Hund darf erst raus, wenn er dazu aufgefordert wird. Ein lebendiges Kerlchen wie ein gesunder, erwachsener Dackel kann es nämlich oft gar nicht erwarten, aus dem geschlossenen Raum ins Freie zu kommen.

HITZKÖPFE, ABER KEINE HITZEFREUNDE

Dackel sind zwar energiegeladen und oft nicht zu bremsen, aber sie sind keine Sommerhunde, schließlich sind der schattige Wald, das raue Unterholz und der kühle Erdbau ihre ursprüngliche Heimat. Und im Sommer wird so mancher alerte und agile Vierbeiner alles hängen lassen und sich an die kühlsten Orte der Wohnung zurückziehen. Orte, von denen Sie nie dachten, dass dort ein Hund hineinpasst. Unter das Sofa oder Bett, in Schränke, Schuhregale, Badezimmernischen und Vorratskammern.

Lassen Sie ihn, er weiß, was er tut. Er schützt den kleinen Organismus vor Überhitzung, das sollten Sie auch tun. Genügend Wasser steht sowieso immer zur Verfügung. Das Futter sollten Sie nur in kleinen Portionen bereitstellen, die sofort verzehrt werden, damit die Hitze die Speisereste nicht verdirbt. Spaziergänge, vor allem die längeren, finden dann eben um 6 Uhr morgens und um 22 Uhr nachts statt. Ja, in den sauren Apfel müssen Sie beißen, denn auch an heißen Tagen will ein erwachsener Dackel genügend Auslauf. Tagsüber begnügt er sich gerne mit dem kurzen Gang »um den Block«. Mit nassen Handtüchern das Fell abreiben bringt Schutz vor Überhitzung. Autofahrten sollen bei Hitze möglichst vermieden werden, und wenn es tatsächlich sein muss, dann mit kühlenden, nassen Handtüchern und viel Wasser im Gepäck. Doch Vorsicht vor Zugluft: Zu schnell fängt sich der kleine Hund eine Erkältung ein, wenn er mit nassem Fell im Wind liegt.

Bei der Ernährung an heißen Tagen kann der Speiseplan auf gekochtes Hühnchenfleisch und Reis umgestellt werden. Ideal ist Hüttenkäse oder Quark als leichter Snack zwischendurch. Da ist nicht nur schön viel Eiweiß drin, sondern das kühlt auch von innen. Vermutlich wird Ihr Dackel den Hüttenkäse dann ganzjährig haben wollen – das haben Sie nun davon!

JAGDVERHALTEN, BITTE NICHT!

Wenn Sie Ihren Dackel für jagdliche Zwecke einsetzen wollen, überspringen Sie dieses Kapitel einfach und wenden sich an Ihren örtlichen Jagdverband, der mit Sicherheit einschlägige Kurse samt Begleithundprüfung für Sie und Ihren Vierbeiner anbietet.

Gehen wir aber vom Alltagsdackel aus, der einen treuen Begleiter in der Stadt und auf dem Land abgeben soll, dann muss eine der dackelartigsten Eigenschaften leider gezügelt werden: der Jagdtrieb. Vor allem im ersten Lebensjahr sollte das Dackelchen keine positiven Jagderfahrungen machen. Denn so lernfähig die jungen Tierchen sind, so sehr prägt sich auch der »Unsinn« ein. Im ersten halben Jahr sollte der kleine Hund sowieso nur vier- bis fünfmal am Tag kleine Spaziergänge machen. Natürlich darf da ein Freilauf an der zunächst dünnen und leichten Schleppleine auch dabei sein, aber das Gebiet muss übersichtlich und abgezäunt sein und frei von jagenden Vorbildern, wie Katzen oder anderen jagenden Hunden, hetzenden Eichhörnchen oder wieselflinken Mardern und Dachsen. Ansonsten gilt für das erste Jahr: Der Dackeljunior muss den »Fußgeruch« lernen, also Herrchens oder Frauchens Bein als Mittelpunkt der Hundewelt akzeptieren.

Wird der Hund größer, können die Schleppleinenausflüge länger werden. Wenn die Kommandos sicher sitzen, kann mit dem Freilauf begonnen werden. Sinnvoll ist immer, nicht gleich am Anfang eines Spaziergangs die Leine zu lösen, denn zu viel Energie steckt da noch in dem neugierigen Dackel, der die Welt erobern möchte. Sind aber schon einmal die ersten paar hundert Meter gemacht, die ersten Markierungen gesetzt worden, ist der große »Dampf« draußen und die Kür kann beginnen. Sinnvollerweise dort, wo gefahrlos gerannt werden kann. Und noch besser, wenn dazu anregende Spiele und Übungen veranstaltet werden.

Ist vor allem bei Dackelrüden der Imponier- und Jagdtrieb übermächtig, kann eine Kastration helfen, das Power-Gehabe einzudämmen. Aber in der Regel sind bei ausreichend Anregung auch die quirligsten Dackel zufriedenzustellen. Bedenken Sie immer: Der Dackel ist nicht nur physisch lebendig, sondern auch fit im Kopf. Er lässt sich nicht mit »wenig« abspeisen, wenn er auch »mehr« haben kann. Also bieten Sie Ihrem Liebling einen unterhaltsamen Tag, dann tritt der Jagdgedanke meist automatisch in den Hintergrund.

Kandidaten, denen dennoch der Jagdtrieb »aus allen Poren« kommt, kann man mit Workshops im Fährtensuchen, Mantrailen oder Apportieren etwas Gutes tun oder bei einem engagierten Hundetrainer den Hund im wahrsten Sinne des Wortes »auf Spur bringen« lassen. Oder Sie machen den Jagdschein und passen sich Ihrem Hund vollends an. Man hat schon von solchen Fällen gehört …

WALD, SPUR UND KEINE LEINE
— DAS IST FÜR JEDEN DACKEL
DIE AUFFORDERUNG ZUM STUNDEN-
LANGEN FÄHRTENSUCHEN. JAGDLICH
AUSGEBILDETE DACKEL FINDEN DANN
AUCH WIEDER DEN WEG ZU HERR-
CHEN UND FRAUCHEN. DER GEMEI-
NE HAUSDACKEL KANN DARAUS EIN
ABENTEUER MACHEN, DAS DIE GANZE
FAMILIE IN ATEM HÄLT.
VON TAGELANGEN AUSREISSERN, DIE
BEI IHRER SICHEREN RÜCKKEHR AUF
WENIGE KILOGRAMM ABGEMAGERT
SIND, HAT MAN SCHON GEHÖRT.
LEIDER AUCH VON JÄGERN, DIE
STREUNENDEN DACKELN SKEPTISCH
GEGENÜBERSTEHEN.

WAS DACKEL GERNE UND NOCH LIEBER TUN

Nur mit »einmal um den Block gehen« kann man zwar die hündischen Notwendigkeiten bedienen, zufrieden macht das aber einen erwachsenen Dackel nicht. Ein Spaziergang, zumindest der »lange« am Tag, soll unterhaltsam sein und viele Bereiche abdecken. Insgesamt zwei Stunden Auslauf pro Tag brauchen gesunde Dachshunde, davon einer richtig schön ausgiebig mit Grünflächen und Freilauf. Dabei sollte der Schnüffelexperte genügend »Lesestoff« finden, für den er sich auch Zeit lassen darf, wie Wegränder, Ecken, Laubhaufen, Bäume.

Ein Dackel kann zum Buddhisten werden, wenn die Duftnote stimmt. Auch wenn Sie am anderen Ende der Leine kurz vor dem Platzen sind: Lassen Sie dem Kurzen sein Vergnügen, zumindest in den ersten zwanzig Minuten, bis alle Neuigkeiten im Revier im Dackelhirn verarbeitet sind. Dann sollte ein wenig Tempo in den Ausflug kommen. Rennen, Fangen, Stöckchen werfen, Bälle holen – einfach das ganz normale Spaß & Fun-Programm, das ein Dackel gut absolvieren kann. Frisbee werfen und Springspiele gehören wegen des empfindlichen Rückens nicht dazu, auch das parallel zum Fahrrad Laufen muss zeitlich und im Tempo an das Wetter, den Weg sowie das Können und die Kondition des Dackels angepasst werden. Die Werfspiele sollen erdnah erfolgen, also mit Schleuderbällen, Ringen oder sogar großen Fußbällen, die mit der Ganzkörpermethode bewegt werden. Die Größe ist eine echte Herausforderung und bringt sogar den Dackel bis zur Erschöpfung. Wenn sich unter den Augen Ringe bilden und der Hund hechelnd glücklich lächelt, darf man davon ausgehen, dass auch das Energiebündel Dackel genügend bespielt wurde.

Im Sommer kann der Dackel auch zur Wasserratte werden – tatsächlich ähneln die schlanken Hunde mit nassem Fell Bibern und Seehunden, wenn sie mit den kurzen Beinchen durch die Fluten paddeln. Viele Dackel sind allerdings keine leidenschaftlichen Schwimmer, legen sich aber gern am Uferrand bis zum Bauch ins Wasser, von Schlammpfützen ganz zu schweigen, aber das ist Ihrer Toleranz überlassen, wie weit Sie Dackel-Fango zulassen.

Sollte Ihr Dackel auf Maulwurfhügel stehen, kann das im eigenen Garten lästig sein, aber auf der freien Wiese gibt es für einen Dackel nichts Schöneres, als zu buddeln. Und Sie können entspannt daneben Zeitung lesen. Hier ist der Hund alleine am glücklichsten.

AUCH WENN MAN ES DEN BEINCHEN GAR NICHT ZUTRAUT, SIE GRABEN NICHT NUR LÖCHER, SONDERN SCHAUFELN AUCH WASSER ZUR SEITE. WIE EIN FISCHOTTER KANN EIN SCHWIMMBEGEISTERTER DACKEL DAHINGLEITEN, ANDERE BLEIBEN GEMÄCHLICH AM UFERRAND UND SCHNAPPEN NACH WELLEN.

Ehrgeizigen Dackeleltern sei das Dog-Dancing empfohlen. Im Kreis drehen, in Schleifen durch Beine laufen, herumrollen und »toter Hund« spielen – diese Dinge sind dem Dackel locker beizubringen und er wird seinen Spaß daran haben. Wenn es mit der Do-it-yourself-Methode nicht klappt, helfen Hundeschulen gern beim Training. Neben der professionellen Anleitung bringt solches Teamwork Geselligkeit für Hund und Mensch, genauso wie das Vereinsleben der Dackelclubs, die nahezu in jeder Gegend zu finden sind. Auswählen muss man diese Clubs nach Neigung. Manche sind stolz darauf bedacht, rechts und links des Rassestandards nichts zuzulassen, und pflegen das Brauchtum. Andere sind

Zwei Dinge, die der Dackel wirklich gut kann: Schleppen von Ästen, auch gerne doppelt so gross wie der ganze Dackel, und Nasenarbeit. In beiden Disziplinen kann er die Ausdauer von Herkules entwickeln.

reine Genussveranstaltungen mit gemeinsamen Spaziergängen, die nicht selten im Gasthaus enden und schon zu dicken Freundschaften am und unter dem Tisch geführt haben.

Ein ganz besonderes Schmankerl ist, auch für den jagdfernen Hund, die Spurensuche. Dazu kann man an einer Schnur einen Wurstzipfel über ein flaches Grasstück ziehen. Dann darf der Dackel, der selbstverständlich nicht zuvor zugeguckt hat, die Spur suchen. Sie selbst bleiben hinter dem Hund, und wenn er ein rechter Frechling ist, der gerne abhaut, macht er die Übung eben an der Schleppleine. Hat der Hund die Spur gefunden, bekommt er eine hundetaugliche Belohnung, also nicht den besagten Wurstzipfel, denn der ist viel zu scharf gewürzt.

Wenn Sie genügend Spieltrieb in sich haben, können Sie mit Ihrem Dackel auch Verstecken spielen. Er wird es Ihnen mit noch mehr Zuneigung danken, denn es schult seine Aufmerksam-

keit. Schließlich will er Sie nicht verlieren, auch wenn er im Freien immer so tut, als bräuchte er niemanden außer sich und seine Nase. Mit leichten Übungen fangen Sie an. Also verschwinden Sie hinter dem nächsten Baumstamm oder Busch, denn der Hund soll ja ein Erfolgsgefühl haben, indem er Sie schnell findet. Nach einiger Übungszeit können die Verstecke gewagter gewählt werden. Wichtig ist, den Hund nicht durch unauffindbare Verstecke zu frustrieren, das löst Verlassenängste aus und macht unsicher. Und Spiel soll ja Spiel bleiben, deshalb keinen übertriebenen Ehrgeiz am Hundespielplatz!

Bei Mantrail-Übungen, also dem Aufspüren von Personen anhand von Geruchspartikeln, begibt man sich schon auf Polizeihund-Niveau. Hier sind Schnüffeltechnik und Erinnerungsvermögen gefragt. Mantrailing ist ein Hobby für Dackel, die bei der Sache bleiben, und sollte tatsächlich unter fachkundiger Anleitung erfolgen, um Hund und Mensch den nötigen Genuss zu bescheren.

Bei aller Spieltechnik, die in Hundeschulen, von Trainern oder erfahrenen Hundeeltern geboten werden kann, darf man eins nicht vergessen: Der Dackel ist ein Naturbursche. Buddeln nach Mäusen, nach Steinen tauchen, Äste (gerne doppelt so lang wie der ganze Hund!) wuchten und auf dem Baumstamm balancieren sind für einen robusten Hund wie den Dackel das reine Glück. So oft es geht, sollte er tun und lassen können, was ein Hund in Wald und Wiese tun darf: Rehe jagen, Passanten verbellen, Kinder erschrecken gehören da nicht dazu! Im Pferdeapfel wälzen allerdings schon, es riecht nun mal für einen Dackel wie Parfüm. Dank des pflegeleichten Haars des Dackels ist aber auch das bei einem anschließenden Bad kein Problem. Und bei dem olfaktorischen Glück, das ihm der Pferdeapfel bereitet hat, nimmt er die reinigende Prozedur gelassen hin. Meistens.

VON NATUR AUS IST DER DACKEL EIN LÄUFER. DIE SCHMALEN, LEICHTEN SCHLÄGE SIND SOGAR ECHTE FEGER UNTER DEN BODENHUNDEN. MUSKELBEPACKT UND AUSDAUERND SCHNÜREN SIE DIE BOTANIK, BIS SICH TIEFE AUGENRINGE BILDEN UND SIE DAS AUSSEHEN VON MARATHONLÄUFERN AM ZIEL BEKOMMEN. MANCHER DACKEL BRAUCHT EIN KÜNSTLICHES »AUS«, SONST WÜRDE ER LAUFEN BIS ER UMFÄLLT.

DER HUND VON WELT TRÄGT DIE HAARE OFFEN

Das Fell aller Dackelschläge ist fast unkompliziert zu nennen. Allein der Langhaardackel könnte bisweilen ein wenig mehr Aufmerksamkeit diesbezüglich vertragen. Grundsätzlich ist der Dackel mit einem weichen Unterfell zum Warmhalten ausgestattet und einem Deckhaar, das sich gemäß der Namensgebung – rau, kurz, lang – jeweils anders anfühlt, aber gleichermaßen wasserabweisend ist. Denn für alle Dackel gilt: Das Fell ist für ein Leben in der Natur wie geschaffen, selbstreinigend oder zumindest leicht zu reinigen. Die Bodennähe kann gelegentlich zum »Auflesen« von Ästchen und Steinchen,

Kletten und Grassamen führen, hier muss nach dem Gassigehen ein kurzes »Entlausen« stattfinden. Auch Regen-, Schnee- und Schlammwetter können dem sonst adretten Dackel ein wenig am Lack kratzen, aber ein Abreiben mit dem Handtuch, das auch auf Autofahrten, beim Transport im Fahrradkörbchen oder bei langen Spaziergängen nicht fehlen darf, ist meistens ausreichend. Bei grober Verschmutzung kommt der Dackel um ein Bad nicht rum. Dazu stellt man ihn in die Wanne, braust ihn mit lauwarmem Wasser ab. In harten Fällen kann mit Hunde- oder Babyshampoo nachgeholfen werden. Anschließendes Trockenföhnen ist im Winter unerlässlich, denn durch die Verdunstungskälte können Dackel anfällig für Atemwegserkrankungen werden. Im Sommer hat der Effekt der Verdunstung kühlende Wirkung und wird von den meisten Dackeln dankbar angenommen. Wenn der Dackel nach dem Duschen ein wenig nach feuchtem Wollpullover duftet, sehen Sie es ihm nach, denn zu den vielen positiven Eigenschaften des kleinen Hundes zählt, dass er ausgesprochen selten hundetypisch müffelt.

DER KURZHAARDACKEL

Dieser Dackelschlag ist quasi selbstreinigend. Das dichte, glatte, eng anliegende Fell lässt die muskulöse Figur des Dackels gut zur Geltung kommen. Ein- bis zweimal pro Woche mit einer Naturborstenbürste striegeln, damit das überflüssige Unterfell herauskommt, genügt. Wer es besonders glänzend mag, geht mit einem feinen Tüchlein aus Mikrofaser oder Baumwolle über den Hund und poliert ihn so zusätzlich auf.

AUF EINEM STAMM VEREINT, DIE IN EUROPA BELIEBTESTEN DACKELRASSEN: LANGHAAR, KURZHAAR, RAUHAAR, WOBEI DER FALBE RAUHAARDACKEL OFT MIT RECHT BORSTIGEM STICHELHAAR GESEGNET IST.

DER LANGHAARDACKEL

Für ihn ist der Löwenbewuchs typisch. An Hals und Brust ist das satt rötlich glänzende Haar länger; an Ohren, Rute, Pfoten und Hinterläufen hängt das Haar, eventuell leicht gelockt, über. An Kopf, Körper und Fang hingegen liegt das Deckhaar glatt an. Der Langhaardackel gehört sicher zu den pflegebedürftigen Dackeln. Das lange Haar kann leicht Knötchen bilden, unter den Achseln verfilzen oder sich an den Pfoten und zwischen den Krallen und Ballen so verdichten, dass man es mit einer abgerundeten Schere vorsichtig herausschneiden muss. Sinnvoll ist es deshalb, das Fell an den neuralgischen Stellen, also an der Brustunterseite, in den Achseln, an den Ohrenenden und vor allem zwischen den Ballen, immer regelmäßig zu stutzen. Dreimal pro Woche muss der Dackel dann das Bearbeiten mit einer Bürste aus Naturborsten über sich ergehen lassen – wer das schon mit dem jungen Dackel übt, hat später keine Probleme mit dem Aufhübschen.

Dass sich Langhaardackel gerne »die Fellhose voll machen«, hängt leider mit dem ebenfalls üppigen Fellbewuchs am Dackelhintern zusammen. Auch hier macht ein regelmäßiger »Fassonschnitt« Sinn, um unerwünschte Klümpchen zu vermeiden. Ganz nebenbei sind verfilzte und verklebte Stellen ein Nährboden für Bakterien und können zu Hautreizungen führen.

DER RAUHAARDACKEL

Beim Rauhaardackel scheiden sich die Geister. Die einen erkennen nur den Schlag mit dem wirklich borstigen, festen Stichelhaar als Rauhaardackel an. Die anderen lieben den flau-

schigen Rauhaardackel, bei dem das Dandy-Dinmont-Terrier-Erbe durchschlägt, das am Kopf, am Rücken und an den Oberschenkeln zu fluffig-seidigem Bewuchs führt. An den Ohren liegt das Haar in beiden Fällen kurz und glatt an, während der buschige Schnauzbart, die oft dramatisch behaarten Augenbrauen und die knuffig bepelzten »Füße« typisch »Rauhaardackel« sind. In jedem Fall gehört der gepflegte Rauhaardackel wöchentlich gebürstet und, falls es sich um einen stichelhaarigen Dackel mit sehr dichtem Fell handelt, muss er auch gezupft und getrimmt werden, damit abgestorbenes Unter-

haar herauskommt und neuem Haar Platz gemacht wird. Das schützt die Haut und macht das Fell widerstandsfähig.

Ob man sich zur Dackelpflege in professionelle Hände begibt oder selbst Hand anlegt, hängt von Geschick, Geldbeutel und Neigung sowie Kooperationsbereitschaft des Hundes ab. Manche Dackel sind solche Snobs, dass sie sich nur von Fachpersonal hübsch machen lassen wollen. Aber ehrlicherweise ist die Pflege des Dackelhaars durchaus mit eigenen Mitteln zu bewältigen. Trimmmesser und abgerundete Scheren kann man kaufen. Und das Zupfen

des Althaars ist auch keine Hexerei, wenn man Gummifingerlinge überstreift und die abgestorbenen Haare in Wuchsrichtung auszupft. Der Beziehungsarbeit zwischen Herr und Hund tut so ein gemeinsames Wellnessstündchen in jedem Fall gut. Wer mag, kann ja den Hund danach mit einem Leckerchen belohnen oder die Pflege in den Spaziergang integrieren.

V ÖLLIG UNTERSCHIEDLICHE HAARSTRUKTUREN BEI DEN VERSCHIEDENEN SCHLÄGEN ERFORDERN UNTERSCHIEDLICHE PFLEGE.

AUGEN, OHREN UND ZÄHNE

Tatsächlich ist es mit den Dackelaugen wie mit den Menschenaugen. Ein Blick in die Augen sagt oft mehr als jede andere Geste. Dackel sind zwar Meister darin, wehleidig zu sein oder Schwächen auszukosten und sich »krank« zu stellen. Tatsächlich aber sind sie zäh und können Schmerzen lange unbemerkt mit sich herumtragen. Die Augen verraten fast immer etwas.

Der sogenannte trübe Blick sollte alarmieren – der gesunde Dackel hat blanke, glänzende Augen, einen wachen und schnell reagierenden Blick und kann blitzschnell die Augenlider auf- und zuklappen. Reagiert ein Dackelauge ungewohnt langsam, ist der Blick verschleiert oder folgt keiner Bewegung nach, sollten Sie Fieber messen oder den Hund vorsichtig abtasten, von der Schnauze bis zur Schwanzspitze, Pfoten, Genitalien, Ohrinneres nicht vergessen.

Vorsicht, Tiere, die Schmerzen haben, können beißen. Wenn Sie bereits wissen, dass Ihr Dackelchen nicht zu den tapferen Naturen, sondern zu den Schmerzbeißern gehört, legen Sie ihm einen weichen Maulkorb an. Fiebermessen im After kann auch schnell Aufschluss über den Gesundheitszustand bringen.

Eventuell ist der trübe Blick aber eben »nur« ein Augenproblem.

In der Regel sind Dackel keine »Transusen«. Morgendliches Sekret in den Augenwinkeln ist normal. Mit einem feuchten Tüchlein wird es abgerieben. Sollte sich am Augenrand etwas verkrustet haben, hilft warmes Wasser mit einem Sud aus Augentrost, um die Partie rund um die Augen reizarm zu säubern. Vermeiden Sie Kamillentee, der ist zu aggressiv. Bei hartnäckigem Ausfluss bitte sofort den Arzt aufsuchen und nicht selbst »herumdoktern«.

Wird ein Dackel jagdlich gehalten oder hat die Möglichkeit, viel im Erdreich zu buddeln, müs-

sen die Augen nach den Outdoor-Aktvitäten genau kontrolliert werden. Zwar sind die Dackelaugen durch langes Brauenhaar und fest schließende Lider gut geschützt, aber Erdkrümel verirren sich doch immer wieder und verursachen dann Probleme.

Das gilt auch für das Gehänge. Zwar kann der Dackel seine Ohren anlegen, hochstellen, flattern lassen und in allen möglichen kuriosen Winkeln drehen, aber bei Buddelarbeit sind die langen »Schlappen« innerlich und äußerlich empfindlich. Verfilztes Haar wird mit dem Kamm entwirrt. Das Innere kann mit Q-Tipps und feuchten Tüchlein gereinigt werden. Das typische Wuschelhaar in den Gehörgängen, das zwar vor eindringender Erde schützt, muss gelegentlich ausgezupft werden, da es Knötchen bildet, die wehtun können.

Bei den Zähnen gilt wie bei allen Hunden: Kauknochen zur Gebissreinigung nach den Mahlzeiten oder Stöckchen kauen. Mehrmals in der Woche Zahnreinigung mit Spezialschaum und weicher Zahnbürste. Zahnsteine werden vom Tierarzt entfernt, und das manchmal unter Narkose. Gerade der alte Dackel ist ein Zahnsteinkandidat. Zum einen mag er oft die harten Zahnreinigungsknochen nicht mehr kauen, zum Zweiten lagert sich am poröser werdenden Gebiss des Althundes deutlich mehr von dem ab, was da nicht hingehört.

So mancher Dackel, der sich eigentümlich benimmt, oft mit der Pfote über die Schnauze fährt, die Ohren häufig schüttelt oder die Lefze hochzieht, hat ein Zahnproblem. Und solche Entzündungen im Mund ziehen, wie beim Menschen auch, Krankheiten des Organismus nach sich. Hier sollte man am regelmäßigen Besuch des Tierarztes nicht sparen – bedenken Sie: Dackel werden sehr alt, und bei guter Gesundheit gelingt das auch meistens weitgehend unbeschwert.

FEINSCHMECKER, DEIN NAME IST DACKEL

Natürlich können Sie aus der Dackelernährung eine Wissenschaft machen. Nicht wenige Hundehalter schenken der Bewirtung ihres vierbeinigen Lieblings mehr Aufmerksamkeit als den eigenen Kulinaria. Da werden von weither Frischfleisch, Spezialdosen, Trockenfuttersäcke geordert. Sensitiv, vegetarisch, ökologisch unbedenklich, mit und ohne Vitaminzugaben, glutenfrei, ohne Tiermehl, ohne Geschmacksverstärker, restlos zucker- und salzfrei, ausschließlich roh oder nur Rohkost. Alles schön und gut. Tatsächlich brauchen manche bedauernswerte Dackelchen eine Spezialdiät, das ist aber selten.

Der Dackel ist auch in Ernährungsdingen robust und verzeiht und verzehrt das Discounterfutter genauso, wie er die selbst gekochte Menüfolge goutiert. Vermutlich liegt bei allen Varianten der Dackelernährung in der Mitte die lebbare Wahrheit. Denn sind wir ehrlich: Wer hat heute Zeit, für den Hund jeden Tag aufzukochen? Wer mag ganz auf Fertigfutter verzichten? Vom finanziellen Aufwand für Spezialleckereien ganz zu schweigen. Wer aber auch beim eigenen Fleischeinkauf auf einwandfreie Herkunft achtet, hat mittlerweile die Möglichkeit, diverse Hunde-Menüs auch in Bio-Qualität und in der Dose zu beziehen.

Wichtig sind, bei aller Individualität, einige Musts und Don'ts: Für Dackel, so schwer es manchen Herrchen und Frauchen fällt, gilt: Nichts vom Tisch und nichts vom menschlichen Teller. Niemals rohes Schweinefleisch, keine Lauch- und Zwiebelgemüse, kein Kohl und keine gewürzten Speisen, keine Schokolade. All diese Dinge kann der Hundeorganismus nicht verarbeiten, respektive schädigen ihn. Wenn Fertignassfutter, dann solches, das wenig Zusatzstoffe hat, pures Fleisch und keine Reste enthält, salzarm ist und – so simpel es klingt – gut riecht. Ist es schön stückig, sind also Fleischfasern noch in ihrer Urform zu erkennen, z.B. Hühnerherzen, Pansenstücke, Fleischfasern, dazu Nudeln, Gemüseteile, – umso besser. Das heißt, es ist nicht alles Mögliche zu einem grauen Brät vermatscht worden, dessen Ursprünge keiner so genau wissen will. Zu viel Fett sollte auch nicht sein. Farbe, Geruch und Konsistenz geben in der Regel schon einen Eindruck von der Güte der Konserve, nicht immer ist der Preis entscheidend und auch nicht das grafische Siegel wie »Bio«, »öko«, »medizinisch geprüft«.

Manche Hundehalter schwören auf Trockenfutter. Bei großen Hunden durchaus zu verstehen, schließlich will man bei den entsprechend großen Futtermengen den Feuchtgehalt nicht auch noch durch die Gegend wuchten. Bei einem Kleinhund wie dem Dackel, der ein langes, sehr aktives Leben führen möchte und kann, darf es ruhig die Nassvariante sein. Sie ist magenschonender und leichter zu verdauen. Natürlich darf auch da Abwechslung sein. Ein Suppenhuhn kochen, dazu einige Hühnerherzen und Hüh-

nerleber mit in den Topf, Petersilie und zwei Karotten – das ergibt nicht nur Futter für ein paar Tage, sondern auch noch eine feine Brühe, die man entweder löffelweise dem Dosenfutter beimengen oder einfrieren kann. Hühnchenfleisch zerkleinert, mit gekochten Karotten oder Kürbis zerdrückt, und dazu einige Haferflocken oder Nudeln – schon ist ein köstliches Hundemenü fertig. Bei kranken oder sehr alten Hunden ist dies eine Wunderdiät, die schon so manchem Dackelchen auf die Beine geholfen hat.

Hüttenkäse, Quark mit Ei, ja sogar Joghurt – mancher Dackel braucht ein wenig Unterstützung für seinen Magen und liebt diesen täglichen Eiweiß- und Calciumcocktail über alles. Zusätzlich zum anderen Futter versteht sich, denn nur von Hüttenkäse kann kein Dackel leben, außer es herrscht eine sehr heiße Witterung oder er ist angeschlagen. Oder er ist auf Freiers Füßen.

Manche Dackel erwischt es zweimal im Jahr sehr – wenn die Hündinnen läufig sind. Dann sind die Gedanken nur auf die Liebe konzentriert. Schlafen, Spazierengehen, Fressen – alles Nebensache: Wenn der Dackel die hohe Minne singt, bleibt der Futternapf nicht selten unangetastet. Kurz bevor der Dackelrüde völlig abgemagert, sollten Frauchen oder Herrchen zu Spezialdiät greifen, der liebestolle Dackel kann sonst bis zur Kreislaufschwäche fasten.

Für alle Leckerlis gilt: Kleine Mengen reichen als Belohnung. Der Rest ist Geschmackssache, wobei es wie beim menschlichen Fastfood ist: Je mehr Geschmacksverstärker, desto lieber wird's gegessen. Ein Hund, der das nicht kennt, wird auch trockene Bio-Leckerli mögen. Umstellungen müssen, ähnlich wie bei Kindern, langsam erfolgen.

Wer hier eine perfekte Futterempfehlung erwartet, wird sicher enttäuscht werden, es gibt sie nicht. Jeder Dackel ist anders, und sein Futterbedarf ist abhängig von Lebenssituation, Haltung, Aufgaben, Alter, Geschlecht und Gesundheitszustand. Beim Dackel gibt es eine Besonderheit:

Die kurzen Gliedmaßen und das lange Kreuz dürfen nicht zu viel Körpergewicht schleppen müssen. Niemand tut seinem Dackel einen Gefallen, wenn er ihn zur »Wurst« füttert. Daher enthalten speziell für Dackel zusammengestellte Futtermischungen, die man auch von einem darin erfahrenen Tierarzt oder kynologischen Ernährungsberater bekommen kann, Chondroitin und Glukosamine (für die Gelenke) Omega-3-Fettsäuren (entzündungshemmende Eigenschaften) und Fett-Carnitin (zur Fettverbrennung).

Bei Alleinfuttermitteln sollte man auf den Packungen erkennen können, welche der genannten Zusatzstoffe enthalten sind. Ergänzungsfuttermittel, die zum normalen Futter gereicht werden, müssen ggf. ergänzt werden. Und auch das selbst Gekochte sollte bei alten, schwachen, stark arbeitenden oder adipösen Tieren passend ergänzt werden, z. B. durch Calcium, Proteine, Aminosäuren, Spurenelemente oder Vitamine. Hierzu allerdings immer fachlichen Rat einholen und die Dosierung absprechen, schnell ist des Guten zu viel getan.

Auch wenn es kein perfektes Dackel-Promi-Dinner gibt, eines ist gewiss: Käse, Kuchen, Kekse, Kakao, Kaffee, Kraut und manches Korn vertragen Dackel nicht. Also lassen! Es gibt genug Alternativen, die Nase, Haar und Gemüt des Dackels lange glänzen lassen.

EIN DACKEL HÄLT DIÄT

Ja, es gibt sie noch, die Tönnchen auf vier Pfoten. Doch von selbst wird kein Dackel so, dafür läuft und spielt er zu gern. Deshalb sollte es heißen: Herrchen/Frauchen muss auf Diät, wenn ein Krummbein Hüftspeck zeigt. Zu viele »gehaltvolle« Leckerchen nebenher, das berühmte Häppchen vom Tisch und viel zu wenig Bewegung sind oft die Ursachen, außer der Hund ist ernstlich krank, leidet an Diabetes oder »hat es im Kreuz«, sodass Bewegung schwierig wird. In jedem Fall sollte sich zuerst die Herrschaft von einem ernährungsgeschulten Veterinär beraten lassen, bevor der Inhalt des Fressnapfs halbiert wird und alles, was Spaß macht, im Schrank verschwindet. Der Dackel, wie bereits beschrieben, muss kapieren, »was abgeht«, um solche Wendungen mitzumachen. Einen plötzlichen Futter- oder Rhythmuswechsel kann ein Dackel mit massiven Verhaltensstörungen beantworten.

NEUE MODE: »BARFEN«

Ähnlich wie beim Menschen hypen alle paar Jahre neue Ernährungsmoden, auch für den besten seiner Freunde. Barfen, »biologisch artgerechtes rohes Futter«, ist derzeit im wahrsten Sinne des Wortes in aller Munde, auch wenn es so manches Risiko birgt. Dem fleischfressenden Wildtier angelehnte Ernährung steht beim Barfen im Vordergrund und damit ist gemeint: Alles wird roh verfüttert, Fleisch wie Gemüse. Viele Tierärzte stehen dem kritisch gegenüber, da es zu Mangelerscheinungen, Verdauungsproblemen und Hygieneschwächen kommen kann. Mittlerweile ist das industriell angebotene Barf-Futter – schnell gefrostetes Fleisch, angereichert durch Ballaststoffe, Vitamine und technisch »vorverdaut« – eine gute Alternative für manche Hunde. Doch, bitte, Beratung beim Tierarzt muss sein.

Ansonsten stehen für den diätwilligen Hund Hüttenkäse, rohe und gekochte Karotten, Äpfel, selbst gebackene magere Hundekekse und fettreduzierte Ernährung im Vordergrund. Dabei soll der Hund nicht hungern, sondern sich wohlfühlen. Das gelingt auch mit kleineren Portionen, die öfter gereicht werden, und viel, viel mehr Bewegung. Achtung, auch bei alten Hunden: Hier muss bei einer Ernährungsumstellung darauf geachtet werden, dass alles leicht verdaulich ist und durch Unterzuckerung das Herz nicht in Mitleidenschaft gezogen wird. Ein guter Tierarzt weiß genau, welche Menge zu welchem Teckel passt, damit ein traumhaft agiles Alter erreicht werden kann.

DER DACKEL ALS BEST AGER

DIE METHUSALEMS UNTER DEN HUNDEN

Es soll schon Dackel gegeben haben, die 24 Jahre alt wurden. Wie auch immer es gerechnet wurde: Tatsache ist, dass Dackel sehr alt werden können. 17, 18 Jahre alte Dackelsenioren sind keine Ausnahme und das bei oft guter Gesundheit und immer noch stattlichem Bewegungsdrang. Geht es nach Lehrbuch, gelten Dackel ab dem 8. Lebensjahr als »alt«. »Best Ager« wäre wohl der bessere Ausdruck, denn mit sieben Jahren endet bei so manchem Dackelrüden erst einmal die Rüpelphase. Von Altersweisheit ist er da noch lange entfernt. Für Dackel, die ihr Leben lang gut trainiert und geistig beansprucht wurden, kann die Phase zwischen 8. und 12. Lebensjahr sogar die allerbeste sein. Manche

Tollheit muss nicht mehr ausprobiert werden. Erziehungsmaßnahmen zeigen endlich Früchte und der Jagdtrieb ist endlich beherrschbarer geworden. Manchmal.

WAS GEHT? UND WENN, WIE LANGE?

Dackel, die es gewohnt sind, viel zu laufen, werden sich immer gerne bewegen, selbst wenn sie 13 Jahre und mehr auf dem Buckel haben. Doch Märsche, wie sie vielleicht mit dem jungen Hund möglich waren, sollten nun nicht mehr unternommen werden. So mancher Dackel kennt seine Grenzen nicht und trabt mit,

bis er umfällt. Deshalb lieber viele kleinere Spaziergänge mit entsprechenden Ruhepausen dazwischen. Ältere Dackel brauchen mehr Schlaf, wir Menschen müssen ihnen diese Ruhepausen einräumen. Auch sollten Sie immer ausreichend Wasser mit dabeihaben, bei älteren Dackeln muss, ähnlich wie bei alten Menschen, darauf geachtet werden, dass sie genügend trinken. Wo früher ein Sprung ins kühle Nass Abkühlung brachte, sollten Sie nun aufpassen, dass sich der Hund nicht erkältet. Das Fell eines alten Hundes ist dünner und schützt das Tier nicht mehr so gut vor Auskühlung, der Fettgehalt des Haars ist reduziert und das Fell weniger wasserabweisend. Bürsten und absuchen der Haut gehört nun zur Routine. Und mit einem

gezielten Rückschnitt grauer, fransiger Haare kann aus so manchem Dackelsenior wieder eine attraktive Erscheinung werden.

Häufiger tränende Augen werden nun täglich gereinigt, ebenso die Zähne. Da alte Dackel keine Riesenknochen mehr zerbeißen können und sollen, muss gezielte Zahnpflege sein, damit sich kein Zahnstein bildet. So mancher alte Dackel hat plötzlich angefangen zu schnappen, obwohl er ein Leben lang ein friedlicher Kerl war. Bevor man an eine Wesensveränderung durch Alzheimer denkt, sollte man vorsichtig die Backen und Lefzen des Tiers abtasten – viele untypischen Verhaltensmuster lassen sich auf Schmerzen im Maul zurückführen.

Auch bei der Ernährung kann man an eine Umstellung denken. Hat dem agilen, erwachsenen Hund eine Großmahlzeit am Tag genügt, braucht der alte Hund vielleicht dreimal am Tag eine kleine Portion. Auch sollte das Futter leicht verdaulich sein. Kleine Leckerchen zwischen-

durch, selbst ohne großes Spiel- und Erfüllungsprogramm, dürfen nun sein. Schließlich ist der Hund ein Leben lang mit durch Dick und Dünn gegangen, ihm gebühren im Alter sorgfältige Pflege und eine Extraportion Liebe.

Die wichtigste Voraussetzung für das richtige Maß an Hinwendung ist Beobachten. So wie Sie Ihr Hund ein Leben lang beobachtet hat und jede Geste zu deuten weiß (meist mehr, als Ihnen lieb ist), so sehr sind Sie nun gefordert. Ein alternder Hund sagt nicht von einem Tag auf den anderen: »Heute fühl ich mich nicht so dicke«. Er wird vielleicht beim Laufen etwas langsamer. Steht in der Früh schwerer auf, braucht lange, um in Fahrt zu kommen, oder gerät leichter außer Atem.

Es ist nicht einfach, altersbedingte Erscheinungen und gesundheitliche Störungen zu unterscheiden. Ein schnell atmender Hund muss keinen Herzfehler haben. Vieles Wasserlassen muss keine Nierenschädigung bedeuten. Lan-

ges Schlafen ist kein Hinweis auf Unwohlsein – nein, der Hund schaltet einfach eine Gangart zurück, auch wenn man sich das bei einem Dackel kaum vorstellen kann. Ja, so mancher Dackel kann es sich selbst nicht vorstellen und muss zu seinem Glück gezwungen werden. Ob das ein extraweiches Kissen im Körbchen, eine morgendliche Massage der Rückenmuskeln oder kleine Versteckspiele in der Wohnung sind, die die grauen Zellen auf Trab halten.

Aber neben den hyperaktiven Dackeln, die auch im Alter noch den Tiger in sich spüren, gibt es auch die Sorte »echter Faulpelz«. Wetter zu schlecht, Zipperlein in den Knochen, Zugluft, eine gemütliche Decke, die warme Heizung – Dackel sind Meister im Entwickeln von wunderlichen Schrullen, wenn sie erst einmal merken, dass man sie mit Samthandschuhen anfasst. Sie genießen das Kümmern und Streicheln, lassen sich nicht zweimal bitten, wenn sie auf dem Schoß oder im Bett sitzen dürfen, und erobern im Handumdrehen ganze Sofalandschaften, sobald sie wenig Widerstand spüren. Will man es ihnen verbieten, heben sie die altersgraue Schnauze, zucken schutzbedürftig mit den Augenbrauen und lassen den Kopf schnell auf die Pfoten sinken, um Tiefschlaf zu simulieren.

Ist der junge Dackel schon ein Komödiant, im Alter wird der Dackel zum Hofschauspieler. Es gibt Dackel, die sich steifbeinig zur Seite fallen lassen, wenn ihnen etwas nicht passt. Gassigehen kann zu einem Geduldsakt werden, weil die alten Hunde Pfote vor Pfote setzen und zu keiner schnelleren Gangart zu bewegen sind. Wittern sie allerdings interessante Geruchspartikel, fährt auch in das senilste Dackelchen der Blitz. Dann strafft sich der kleine Körper, die Bewegungen werden flink und die Nase glänzt vor Energie. Genießen Sie diese Energieschübe, denn irgendwann, auch wenn es sich beim Dackel lange hinauszögern lässt, kommt selbst bei dem kleinen Energiebündel die Zeit des Abschieds.

OFT KANN MAN SIE AN DER GRAUEN SCHNAUZENFÄRBUNG ERKENNEN: DACKELSENIOREN SIND DAS, WAS MAN ALS RÜSTIG BEZEICHNET. IMMER NOCH HEISS AUF GROSSE SPAZIERGÄNGE, GÖNNEN SIE SICH ABER SOUVERÄN DIE PAUSEN, DIE SIE BRAUCHEN.

IN WÜRDE ALT WERDEN – BETAGTE DACKEL BRAUCHEN ES OFT EIN WENIG BEQUEMER ALS FRÜHER. UND SO MANCHER RAUFER WIRD ALTERS-MILDE.

GESUND ALT WERDEN

Bandscheibenschaden, Arthrose, Herzfehler – auch wenn ein alter Dackel chronisch krank ist, heißt dies nicht, dass ihm nicht noch einige schöne Jahre gegönnt sind. Tiermediziner haben heute ein breites Spektrum an Medikationen und Therapien, um den kleinen vierbeinigen Patienten einen schmerzfreien Lebensabend zu bescheren. Das Einzige, was Sie tun müssen, ist, wie bereits gesagt, Ihren Dackel beobachten. Trinkt er viel, atmet er rasselnd mit gelegentlichem Husten, kann es ein Hinweis auf eine Herzerkrankung sein, die bei Dackeln relativ häufig vorkommt. Gewissheit bringt ein Ultraschall in der Tierklinik, der auch die Schwere der Erkrankung aufzeigt. Meist muss der Hund dann einen täglichen Tablettencocktail zu sich nehmen. Reagiert er auf Menge und Art des Medikaments gut, steht einem weitgehend beschwerdefreien Greisendasein nichts im Weg. Da die Gabe von Tabletten meist mit Hunde-

leberwurst am besten klappt, wird Ihr Dackel nichts gegen dieses Extraleckerli haben.

Der alternde Dackel sollte grundsätzlich regelmäßig dem Tierarzt vorgeführt werden, selbst wenn er augenscheinlich »pumperlgesund« ist. Und auch wenn der Dackel aus solchen Besuchen meist ein Drama Shakespeare'schen Ausmaßes macht – es muss sein. Schwanken, Atemnot, Zittern, panisches Hecheln, verdrehte Augen, gekrümmter Rücken – das alles sind Anzeichen, die einen sofortigen Arztbesuch nötig machen. Lieber einmal zu oft als einmal zu wenig.

Und legen Sie sich eine kleine Krankenkasse für den alternden Dackel zu. Die meisten Dackel sind in ihrer Sturm- und Drangzeit bis auf die Routineuntersuchungen und Impfungen nicht tierarztintensiv. Das kann sich im Alter ändern, und auch Tiermedikamente gehen ins Geld. Bei Dackeln ist dieser Posten nicht zu unterschätzen, denn ihre Altersphase kann bis zu zehn Jahren betragen.

Sag zum Abschied leise Servus

Ja, man hat es immer gewusst: Kein Hund wird so alt wie ein Mensch und selbst der langlebigste Dackel geht vor einem in die ewigen Jagdgründe. Im Idealfall, wenn man es in diesem Zusammenhang so bezeichnen darf, entschläft ein betagtes Dackelchen sanft und hinterlässt neben dem heftigen Schmerz einen unglaublich reichen Schatz an liebevollen, lustigen, individuellen Erinnerungen.

Zwingt einen der Gesundheitszustand eines Dackels zu einer Maßnahme durch den Tierarzt, widerstreiten oft entsetzliche Gefühle. Schuldgefühle, in die Natur einzugreifen. Trauer. Mitgefühl. Nicht loslassen können. Doch lassen Sie sich allein von einem Gefühl leiten: Das Tier soll nicht leiden, wenn es keine Aussicht auf Besserung mehr gibt. Viele Tierärzte kommen für die letzte Stunde ins Haus. Gestalten Sie den Abschied so zeremoniell, so

gemütlich, so liebevoll, so Ihrem Dackel gerecht wie möglich. Versammeln Sie die Familie drum herum – ein Hund ist keine Sache, auch wenn das Gesetz sie als solche sieht. Wir Menschen sind dem Hund in so vielen Dingen so ähnlich, kein Säugetier hat es zu einem solchen Erfolgsmodell geschafft wie der Hund! Kein Lebewesen hat sich tiefer in unsere Herzen gespielt – der Dackel mit seinen Fähigkeiten, allzu menschlich zu reagieren, erst recht. Der Dackel ist ein Familienmitglied, das den Alltag eventuell bis zu 20 Jahren recht aktiv mitgestaltet hat. Die letzte Begleitung, die Trauer und das Erinnern an ihn sind ein Teil des Familienschatzes.

Einen Dackel zu haben ist, ein Stück des eigenen Lebens von ihm formen zu lassen. Geht der geliebte Hund, geht auch ein Stück von einem selbst – vielleicht macht das oft die Trauer um ein geliebtes Tier so unendlich tief. Nicht-Hunde-Menschen können oft den Schmerz kaum nachvollziehen. Doch es ist Ihr

Hund, der sich verabschiedet! Trauern Sie also wie und solange Sie es für richtig halten.

Viele Menschen schwören, sich nach dem Verlust des geliebten Vierbeiners nie, nie wieder ein Tier anzuschaffen. Aus Erfahrung weiß ich, dass die meisten Dackel-Aficionados kaum ein halbes Jahr durchhalten! Und dann beginnt alles wieder von vorne … ein Dackelchen kommt ins Haus!

Vorsorgen und Heilen

Der Dackel ist ein Meister des Beobachtens, aber auch Sie, lieber Dackelbesitzer, sollten einer werden, nur dann fallen Veränderungen auf, die auf eine Störung oder eine Krankheit hinweisen. Denn bei aller Vermenschlichung, die man dem aufgeweckten Dackel unterstellen kann: Reden kann er immer noch nicht.

Armer Dackel

Doch Anzeichen, dass etwas nicht stimmen könnte, gibt es viele. Dann sollten Sie lieber einmal zu viel als zu wenig den Tierarzt aufzusuchen. Dieser ist auf Ihre Beobachtungen angewiesen, um eine Diagnose zu stellen.

Zu den allgemeinen Hundekrankheitsbildern kommen noch besonders dackelspezifische. Durch den langen Rücken, der dem Dackel sein so unverwechselbares Äußeres gibt, ist er besonders anfällig für Bandscheibenvorfälle (Dackellähme). Heute wird Hilfe in Form von leichten Schmerzmitteln und Physiotherapie bis hin zur Operation angeboten. Schnell wird beim temperamentvollen Dackel einmal etwas zu hastig verschluckt, etwas ist zu kalt oder liegt unverdaut im Magen – ein- bis zweimaliges Erbrechen kann die Folge sein. Bei häufigerem Erbrechen sofort zum Arzt, es kann ein Hinweis auf einen Infektion sein.

Durchfall bekommen Dackel häufig durch Ernährungsfehler. Zu viel rohes Fleisch, zu viel Fettiges wie Leber, zu wenig Ballaststoffe und Gemüse. Ernährungsumstellung (z.B. von Trocken- auf Nassfutter oder umgekehrt), Hüttenkäse oder Banane und Zwieback können helfen. Hält der Durchfall zwei Tage an, bitte unbedingt zum Tierarzt! Diabetes könnte einem älteren und besonders verfressenen Dackel zu schaffen machen. Magen-Darm-Probleme, wie etwa Magenschleimhautentzündung, bekommen viele Dackel auf Grund der niedrigen Höhe. Ihre Nase ist immer am Boden und nimmt so schnell Viren und Bakterien auf, zum Beispiel im Winter durch Schneeschlecken. Tumore in der Nebenniere können zu Hormonerkrankungen führen (Cushing-Syndrom). So mancher Dackel hat unter Epilepsie zu leiden. Harnsteine und Hauterkrankungen werden im Verhältnis zu anderen Hunderassen häufig beobachtet. Und schließlich kann der treuherzige Blick durch eine Augenerkrankung getrübt werden, bei der die Netzhaut degeneriert bis zur Blindheit.

Bei Reisen in den Mittelmeerraum sollte im Hinblick auf Leishmaniose/Sandmücken und Flöhe verstärkte Prophylaxe stattfinden.

Und leider wird auch eine so robuste Rasse wie der Dackel nicht von der Geißel Krebs verschont.

Vorsorge

Nicht vor allen Widrigkeiten kann man seinen Vierbeiner bewahren, aber vor den ärgsten Hundekrankheiten schon: durch regelmäßige Impfungen. Jährlich im zweijährigen Wechsel eine Dreifach- (Leptospirose, Parvovirose, Tollwut) und eine Fünffachimpfung (Staupe, Hepatitis, Leptos-

S CHAUEN SIE SICH TÄGLICH DIE AUGEN AN, MINDESTENS EINMAL WÖCHENTLICH ZÄHNE UND OHREN, CHECKEN SIE DEN DACKEL REGEL-MÄSSIG AUF ZECKEN. DER TIERARZT ZEIGT IHNEN WIE MAN MEDIKAMENTE VERABREICHT.

pirose, Parvovirose, Tollwut). Ein Impfpass verhindert, dass man durcheinanderkommt. Zweimal jährlich sollte entwurmt werden, und zwar zum Schutz für Tier und Mensch.

Gegen Zecken ist fast kein Kraut gewachsen: Es gibt Halsbänder, die allerdings häufig so scharf riechen, dass dies keiner empfindlichen Dackelnase zuzumuten ist. Knoblauchöl (ein EL Olivenöl, in dem zwei Tage eine Knoblauchzehe eingelegt wurde, dem Futter beimengen) kann Wunder wirken. Pulver, Bäder und sogar Spritzen sind im Einsatz gegen die Plage, die auch beim Hund Borreliose auslösen kann. Suchen Sie Ihren Hund im Sommer immer gut ab, das ist der beste Schutz. Mit der Zeckenzange oder einem weichen Tuch wird der lästige Parasit dann herausgezogen.

DIE LETZTE SORGE

Dackel, die unter durch keine Medikation zu lindernden Schmerzen leiden, bedürfen Ihrer Hilfe, auch wenn es eine der schwersten Entscheidungen ist. Heute kommen Tierärzte auch ins Haus, um den kleinen Patienten schonend und würdevoll von seinen Leiden zu befreien.

KRANK UND »KRANK«

Ihr Hund steht unter Ihrem Schutz! So sehr auch ein Dackel »behauptet«, der Größte zu sein, er wird gegenüber Aggressoren, bei Kälte und Wärme, widrigem Laufgrund und vielem mehr immer auf Ihre Umsicht angewiesen sein. Oft wird er die Hilfe gerne annehmen, manch-mal wird er sich wehren. Auch der friedlichste Dackel wird aggressiv, wenn er Schmerzen hat. Ein weicher Maulkorb sollte deshalb in keinem Dackelhaushalt fehlen – er hilft, den Hund bissfrei zum Arzt zu bringen.

Da alle Dackel von Natur aus große Schauspieler sind, ist die Zahl der Simulanten unter Dackeln sicherlich am größten. Das macht ihn als Patienten nicht einfach, denn er kann bei »quer liegenden« Flatulenzen leiden wie der sprichwörtliche Hund, aber bei Tumoren den Tapferen geben. Sie als Dackelbesitzer sind immer gefordert – dafür werden Sie mit einem wunderbaren Hund belohnt, der das Leben mit viel Komödiantischem bereichert, gern mit im Repertoire: »Der eingebildete Kranke«!

DER ALLTAG DES UNERGRÜNDLICHEN

95

PORTRÄT DER KLEINEN RASSE

WAS EINEN HUND ZUM DACKEL MACHT

Vom Berufsbild des Dackels, von seinen
Vor- und Nachteilen, den menschlichen
Erwartungen und Aha-Erlebnissen mit diesen
treuen, aber sturen Hunden, die so gut
in unsere Zeit passen.

DER DACKEL ARBEITET GERN

ÜBER DIE URSPRÜNGE DES RASSE

Wer sich beruflich einen Dackel hält, weiß, warum. Er braucht einen unabhängigen, furchtlosen Hund, der lauffreudig und gesellig genug ist, stundenlang durch die Botanik zu streifen. Der aber auch, wenn es darauf ankommt, unerschrocken gegen Dachs und Fuchs im Einsatz ist und das in den engen, verzweigten Bauten der Räuber. Oder der sich spursicher durchs Unterholz arbeitet, die Nase am Boden, wieselflink und mit dem erd- und laubfarbenen Fell bestens getarnt.

Wer sich das erste Mal einen Dackel holt, natürlich ganz ohne Berufsanspruch, weiß meist nicht, was ihn erwartet, es sei denn, er gehört zur Spezies der unverbesserlichen Menschen mit einem Dackel-Knall, also »einmal Dackel, immer Dackel«. Kaum ein Hund hat die Jahrhunderte lange, durch Zucht und Auslese geförderte Befähigung zur Jagd so stark im Blut wie der jagdlich geführte Dackel. Wer einen Arbeiter sucht, wird mit dem Dackel glücklich, wer »nur« einen Schmusehund sucht, könnte enttäuscht werden, denn ein Dackel langweilt sich schnell. Die kleinen Kerle sind geistig auf Zack und erwarten das auch von ihrer Herrschaft. Reines Rumlümmeln in Körben und auf Sofas und gelegentlich kleine Spaziergänge, das ist des Dackels Sache nicht.

Höchste Zeit, sich ein wenig den Stammbaum der temperamentvollen Schlappohren anzusehen. Manchmal hilft das schon, ein paar grobe Vorurteile zu beseitigen oder Ansprüche an den Hund zu verändern. Den Hund an sich werden Sie nicht verändern, es steckt ihm das urige Waidwerk, wie man so schön sagt, im Blut.

JAGD- UND SCHWEISSHUNDE DAMALS UND HEUTE

Bevor man Hunde nach Rassestandards kategorisierte – das ist erst seit dem 19. Jahrhundert der Fall –, wurden Hunde unabhängig vom Aussehen in Nutzungsgruppen unterteilt, wichtig waren nur Leistung und jagdlicher Verwendungszweck. Eignung, Körperbau und Temperament haben erst allmählich zu den verschiedenen

Rasseformen bei Hunden geführt und das wiederum zu Zuchtverbänden. Will man heute einen Hund einer bestimmten Rasse verstehen, muss man sich auch seine Geschichte ansehen. Bei einem charakterlich und phänotypisch so ausgeprägten Hund wie dem Dackel kann man von einem langen Stammbaum ausgehen. Tatsächlich finden sich Dackelähnliche schon auf spätmittelalterlichen Bildern. Und wenn man literarischen Vorlagen glauben darf, wurde ein krummbeiniger, langschnauziger Schlag mit dicht anliegendem, kurzem Fell schon um das Jahr 800 dazu verwendet, Dachse aus dem Bau zu treiben oder sie zumindest dort festzuhalten.

Auch die Ausdrücke »Dachshund«, »Tachs-Kriecher« oder »Dachs-Würger« waren früh bekannt, neben den Verniedlichungsformen »Schlieferle« (von »schlüpfen«) und »Lochhündle«. Wie sehr diese frühen Erdhunde dem heutigen Dackel glichen, ist nicht bekannt und auch auf Bildern nicht belegt, es wird sich um verzwergte oder kleinwüchsige Bracken gehandelt haben, die norma-

lerweise seit der Spätantike für die Schweißjagd (»Schweiß« ist der jägerische Ausdruck für Blut) eingesetzt wurden. Der griechische »Fach«-Autor Flavius Arrianus erwähnt in seinem Werk »Kynegetikus« (Der Hundeführer) bereits die knackigen Spureigenschaften brackenartiger Hunde – das war im 2. Jahrhundert nach Christus!

In der Heraldik sind Bracken die mit Abstand am häufigsten abgebildeten Hunde auf Wappen – auch ein Zeichen, dass es dieser lauffreudige, nasensichere Schlag schon früh weit gebracht hat.

Als sich ab dem Mittelalter Jagdgesetze und damit Jagdverhalten änderten, setzte ein gezieltes Züchten von Jagdhunden ein. Denn das Jagen war nur mehr dem Adel vorbehalten, der hatte Zeit, Geld und Platz, sich nicht nur den diversen Jagdarten, sondern auch den dazu geeigneten Hundetypen zu widmen. Sieht man sich Genrebilder der niederländischen Renaissance an, tauchen bereits jene unverwechselbar kuriosen Hundegestalten auf, die wir heute als Dackel

identifizieren würden. In den Farbschlägen Rot, Schwarz und Gelb, wahlweise kurz-, wuschel-, langhaarig und krummbeinig, eindeutig brackenähnlich, dennoch keine Bracken mehr.

Kein Wunder, dass die Bracke als Stammesvater der Dackel gilt. Ihr Durchhaltevermögen, ihre Nasenarbeit und die sogenannte Raubzeugschärfe brauchte es auch bei der Baujagd auf Fuchs und Dachs, bei Treibjagden und auf der Wundfährte. Doch die gewöhnlichen Bracken waren zu wuchtig, sie brachten bis zu 25 Kilogramm auf die Waage, die Läufe waren zu lang, die Schädel zu massig.

Bereits ab dem 18. Jahrhundert sind Dachshunde belegt, die unseren heutigen Dackeln sehr ähnlich waren. Ab Mitte des 19. Jahrhundert, ausgehend von England, wurden erste Rassekennzeichen registriert. 1888 wurde schließlich der Deutsche Teckelclub gegründet, viele der damaligen Rassestandards finden sich auch heute noch in den Merkmallisten.

DACKEL MIT PRÜFSIEGEL

Fachkundeprüfung, schriftlicher Test für Hundeführer«, »Praktischer Unterordnungsablauf mit und ohne Leine«, »Verkehrsicherheit und Wesensüberprüfung für den Hund« – was so sehr nach Amtsdeutsch klingt und an Führerscheinprüfungen erinnert, ist die anerkannte Begleithundprüfung, wie sie die Gebrauchshundevereine im VDH (Verband für das Deutsche Hundewesen) heute vorschreiben. So sachlich dies alles klingt, verkehrt ist so eine Ausbildung gerade für den Dackel nicht. Zum einen wird da die intelligente Natur des Dackels ganz schön auf Touren gebracht, zum anderen, lernt der leicht zur Selbstüberschätzung neigende Kurzbeiner, was eine Harke ist. Sprich, er erfährt, dass es Situationen gibt, in denen er seinen Dickkopf einpacken muss.

Teile der Prüfung sind das Fuß gehen, mit und ohne Leine, das Durchqueren von Menschengruppen, Sitzübungen, Ablegen, Anhalten und Wendungen, all das selbstverständlich ohne Hilfe von Leckerli, Dauerloben und Wiederholen der Kommandos. Wir wollen das hier nur vereinfacht wiedergeben, die vollständige Liste der Aufgaben und Prüfungsabläufen, sowie die Auskunft, wo Prüfungen regional abgenommen werden, kann beim VDH oder DTK (Deutscher Teckelklub) erfragt werden.

Seit dem 1. Januar 2012 gelten im VDH auch keine nationalen Bestimmungen der Begleithundprüfung mehr, sondern die international festgelegten Standards des übergeordneten Verbands FCI (Fédération Cynologique Internationale). Damit ist eine einheitliche Qualität der gesetzlich nicht geschützten Prüfungen gewährt. Die Begleithundausbildung ist teilweise Voraussetzung für weitere Ausbildungen, wie beispielsweise jede Art von Hundesport, Rettungshundeausbildung, Fährtenarbeit und Jagdhundprüfungen.

DER JAGDDACKEL

Auch wenn heute die Mehrzahl aller Dackel nicht mehr bei der Jagd unterwegs ist, sondern als Familienhund reüssiert, gibt es sie dennoch, die kleinen fleißigen Jagdbegleiter, die für ganz bestimmte Aufgaben beste Voraussetzungen mitbringen. Und nach wie vor ist ein gesundes Jagdverhalten Zuchtziel seitens der offiziellen Zuchtverbände. Dachs und Fuchs im Bau aufzustöbern fällt dem kurzbeinigen, wendigen Dachshund dank langem Kreuz und Röhrenkörper nicht schwer. Wer allein im Fuchsbau Entscheidungen treffen muss, trifft sie auch gern über der Erde. So viel Autonomie macht klug, somit ist die Jagderziehung des Dackels zwar ein harter Brocken, aber möglich. Dank Bodennähe und feinem Näschen ist der Dackel ein Stöber- und Schweißexperte, der auch dann die Fährte nicht verliert, wo andere Hunde längst aufgegeben haben. Zur Jagd ausgebildete Dackel mit bestan-

dener Schweißhundprüfung können tatsächlich den Leidensweg verletzter Tiere verkürzen, denn sie nehmen auch die feinste Blutfährte auf, stellen das verletzte Tier schnell und der Jäger kann das Tier vom Leid erlösen. Ein wirklich gut ausgebildeter Dackel scheut allerdings die direkte Konfrontation z.B. mit dem Fuchs. Es weiß ganz genau, dass das eventuell zu seinem Nachteil ausgehen könnte, aber er hat eine andere Waffe: er kann den Fuchs »beunruhigen«. So nennt man die durch Knurren unterstützte Drohhaltung, die ein Dackel einnehmen kann. Da auch kleine Dackel über eine beeindruckend tiefe »Stimme« verfügen und das Spiel mit den hochgezogenen Lefzen perfekt beherrschen, kann man sich den Stress für den Fuchs gut vorstellen. Der Dackel weicht nicht zurück. Er steht »seinen Dackel« mit zur Schau gestellter Angriffslust. Und da Dackel geradezu Ausdauersportler sind, auch im

Schlechte-Laune-Zeigen, wird es den meisten Füchsen rasch zu viel, mit dem knurrenden Etwas in ihrem unterirdischen Wohnzimmer.

Ein begeisterter Jäger steckt nahezu in allen Dackeln, auch wenn sie in ihrem ganzen Leben noch keinen Wald gesehen haben. Wer Dackel liebt, muss ein weites Herz haben, denn außerhalb des Hauses kennt so mancher Teckel nur die Fährte, die Herausforderung und sich. Zu Hause aber wird aus ihm ein geselliger und die Behaglichkeit liebender Wächter, mit ebenso unendlicher Ausdauer im Charmeversprühen.

DIE AUSBILDUNG

Wer seinen Hund jagdlich ausbilden möchte, ist bei Jagdvereinen, speziellen Jagdhundeaus-

bildern, Zuchtvereinen und darauf spezialisierten Hundeschulen im Allgemeinen bestens aufgehoben.

Der Jagddackel des 21. Jahrhunderts wird vielleicht nicht mehr gar so oft in der Dachs- und Fuchsjagd eingesetzt – ganz einfach, weil heute Dachs und Fuchs anders bejagt werden und auch viele Jäger um ihren geliebten Hund fürchten, wenn er im verzweigten Dachsbau verloren geht. Der Dackel ist aber auch heute fast unersetzlich beim Schweißfährtenlesen von krankem oder angeschossenem Wild und bei der Stöberarbeit von Treib- oder Drückjagd, zum Beispiel auf Wildschwein oder Reh- und Rotwild, das auf den niederläufigen Hund ohne Panik reagiert und in langsamem Tempo davonzieht, sodass es vom Jäger leicht angesprochen werden kann.

HAARIGE UNTERSCHIEDE

DIE DACKELSCHLÄGE UND IHRE KARIKATUR

Zeitgleich mit den Hundeclubs entwickelten sich die verschiedenen Schläge. Der vorherrschende Typ des Kurzhaardackels wurde durch Einkreuzung verändert. Ist dem schwarz-roten Kurzhaardackel noch die Verwandtschaft mit der Bracke anzusehen, mussten für einen rein roten Kurzhaardackel die leuchtend roten Haidbracken eingekreuzt werden. Mit ihren aristokratischen Schnauzen, den schlanken Körperchen und dem pflegeleichten Fell liegen die oft zart gebauten, roten Kurzhaardackel heute in der Beliebtheitsskala ganz vorne.

Spaniel und Setter scheinen maßgeblich zur Entstehung der Langhaardackel beigetragen zu haben, die schon im 18. Jahrhundert zielgerich-

tet gezüchtet wurden und dann in den 70er-Jahren des 20. Jahrhunderts so beliebt waren, dass sie vielfach Opfer von unseriöser Vermehrung wurden. So manche unschöne Eigenart kam dann bei dem an sich freundlichen und fellschönen Hund heraus. Heute haben sich diese Fehler in der Regel »ausgemendelt«.

Neben Schnauzern und rauhaarigen Bracken sind vor allem eingekreuzte Terrier »schuld« am beliebtesten Dackel derzeit: dem Rauhaardackel. Vielleicht liegt das Hitverdächtige auch am typischen Aussehen und an der Werbewirksamkeit dieses augenscheinlichen Naturburschen. Struppige Augenbrauen, beeindruckender Schnauzer, buschige Pfoten, dazu ein zart durchschimmerndes Unterfell unter kräftigem,

anliegendem Stichelhaar, vorwitzige Grannen, die vom Kopf abstehen und den treuherzigen Blick betonen. Den knuffigen Gesichtern der Rauhaarschläge kann man einfach nichts abschlagen, und das wissen diese raffinierten Charmebolzen auch. So mancher Rauhaardackel hat übrigens seidenweiches Fell. Dafür kann er sich beim Dandie Dinmont Terrier bedanken, der durch Einkreuzen den Rauhaarigen die melierte Farbe geben sollte.

ACH JA, DIE FARBEN

Wenn es streng nach Zuchtbuch geht, sind für die Kurz- und Langhaarigen nur Rot, Gelb und

Rotgelb zugelassen, erlaubt ist auch schwarze Stichelung. Bei den Zweifarbigen ist Tiefschwarz oder Braun mit rotbraunen oder gelben Abzeichen gewünscht. Ausnahme bilden die Rauhaardackel: Bei ihnen heißt die Melange der Farben hell bis dunkelsaufarben und rot- und dürrlaubfarben. Die Bezeichnung »saufarben« bezieht sich namentlich – ganz recht – auf das Fellkleid der Wildsäue und ist die ideale Camouflage im Unterholz. Leider nutzt es auch der nicht jagdlich geführte Dackel weidlich aus, im Wald mit einer natürlichen Tarnkappe herumzulaufen. So manches Frauchen und Herrchen hat Nachmittage zugebracht, den perfekt »unsichtbaren« Flüchtling endlich wieder ausfindig machen.

Heute kennen wir neun Schläge: Kurzhaar, Rauhaar, Langhaar jeweils in den drei Größen Normalteckel (Brustumfang über 35 cm, bis 10 kg), Zwergdackel (Brustumfang über 30, aber max. 35 cm, bis 5,5 kg), Kaninchendackel (Brustumfang bis 30 cm, bis 4 kg), und all das in den oben genannten Farben. Wenn das nicht mal eine Auswahl ist!

DURCH DIE UNTERSCHIEDLICHE FELLAUSSTATTUNG SIND DACKEL MEHR ODER WENIGER KÄLTEEMPFINDLICH. ZUGLUFT KANN IHNEN ZUSETZEN, SCHUTZKLEIDUNG IST BEI LANGEN MÄRSCHEN NICHT VERKEHRT.

DER DACKEL EIN BAYER?

Ein hartnäckiger Mythos reduziert die Dackelartigen auf einen engen geografischen Raum: Alpen, vorzugsweise das voralpine Altbayern. Was auch immer dazu geführt hat, dass man dem Dackel die Eigenschaften des Bayern andichtet oder dem Bayern das Dackeltypische – so viel kann man sagen: Es ist etwas dran, aber es ist nur ein Teil der Wahrheit. Fest steht: Dackel sind nicht ausschließlich in den Alpen, dem Alpenvorland oder Österreich gezüchtet worden. Dazu gibt es viel zu viele Belege aus England und Frankreich und eben ganz Deutschland. Wahr ist aber auch, dass es im jagdlich immer schon gut erschlossenen Bayern mit seinen Wäldern, Feldern und Bergregionen einen vermehrten Bedarf an Jagdhunden gab und gibt.

Als sich im Biedermeier des frühen 19. Jahrhunderts eine »neue Häuslichkeit« entwickelte – wir würden es heute »Coocooning« nennen –, ge-

hörten dazu auch Traditionsbewusstsein und die Betonung einiger regionaler Eigenarten. Viele Maler wie Carl Spitzweg griffen Motive auf, die Menschen in ihrer ländlichen oder häuslichen Umgebung zeigen. Die kleine Welt zwischen Vorgarten und Haustür, zwischen Wirtshaus und Heimstatt, der nahe Wald und das heimische Sofa – die Welt sollte überschaubar werden. Ein Hund, als Inbegriff der Treue und Häuslichkeit, hat es da als Statist auf vielen, vor allem bäuerlich motivierten Bildern dieser Zeit weit gebracht: der Dackel. Niemals zuvor und danach ist der Dackel so oft in Öl verewigt worden wie zwischen 1840 und 1930. Förster oder wahlweise Jäger mit Dackel, kleine Kinderidyllen mit Dackel, Menschen im Wirtshaus mit Dackel, der Dackel mit Maßkrug und als friedlicher Wachhund im Sonnenschein. Der Dackel wurde zum hündischen Stellvertreter des bäuerlichen Idylls. Natürlich häufig in Verbindung mit Tracht und alpiner Kulisse. Das harmlos Humoristische, dem das Abenteuer doch faustdick hinter den

Schlappohren steckt, es wurde zum Symbol nationalen Gefühls und damit Fluch zugleich. Der Dackel als Biedermann, ausgerechnet. Kein Hund hat mehr Anarchie und Unabhängigkeit in sich, kein Hund ist individueller, nicht nur im Aussehen.

Vielleicht lag die Bajuwarisierung des Dackels aber auch an den bayerischen Königen. Die Wittelsbacher hielten sich Dackel und tun es bis heute. Die aus dem gleichnamigen Clan stammende Kaiserin Sisi wuchs mit Dackeln auf und liebte ihr Leben lang Hunde aller Größen. Prinz Wolfgang von Bayern, der direkte Nachfahre König Ludwigs III. von Bayern, züchtet heute Tigerdackel und in nicht wenigen bayerischen Adelshäusern sind und waren Dackel zuverlässiges Hauspersonal mit allen Freiheiten.

Dieses Lokalkolorit zusammen mit den bestechenden Eigenschaften dieser Hunderasse machte den Dackel Anfang des 20. Jahrhunderts zum echten Exportschlager in die USA. Die Amerikaner verliebten sich in das kuriose Viech, jenen »Wiener Dog« oder »Sausage Dog«, wie sie ihn noch heute nennen.

DER DACKEL ALS PROPAGANDA

Mit dem Aufkommen des Nationalsozialismus wackelte der Nimbus des Dackels. Seine Biedermann-Kategorisierung machte ihn verdächtig, der politisch völlig unschuldige, aber eben typisiert deutsche Dackel wurde geschmäht als Hund eines nationalsozialistischen Deutschlands. Von dem Karriereknick konnte sich aber das Urviech schon bald nach dem Zweiten Weltkrieg weltweit wieder erholen. In den 50er- und 60er-Jahren des vorigen Jahrhunderts belegten Dackel nicht nur in den USA wieder die vorderen Chartplätze, sondern vor allem im Wirtschaftswunderland Deutschland. Harmlose Heimatfilme, Jagdschmonzetten und Urlaubsidyllen wurden gerne mit Dackeln be-

setzt. Münchner Brauereien gaben dem Dackel tragende Rollen in der Werbung. Berühmt auch bis heute Franziska Bieleks »Herr Hirnbeiß« in der Münchner »Abendzeitung«, eine Karikatur-Kolumne, die ohne grantelnden Münchner und ebenso missmutigen Dackel gar nicht denkbar war. Der große Volksschauspieler Gustl Bayrhammer versah gar seinen Tatort-Polizeidienst mit Dackel.

Vermutlich hat auch das Image des Wirtshaus-Dackels mit Schuld am bayerischen Zerrbild. Vor allem um die Jahrhundertwende wurde keine Hunderasse öfter in Zusammenhang mit Bierkrügen und Zechereien genannt und gemalt wie der Dackel. Das mag seine bayerische Konnotation bestärkt haben, denn wo Bayern ist, ist das Bier nicht weit. Und tatsächlich geht der Dackel gerne ins Wirtshaus. Zum einen will der Dackel nichts lieber als dabei sein, und wenn er dafür stundenlang in einer zugigen Beizn sitzen muss. Zum Zweiten ist es unter dem Tisch zwischen Herrchens oder Frauchens Beinen ähn-

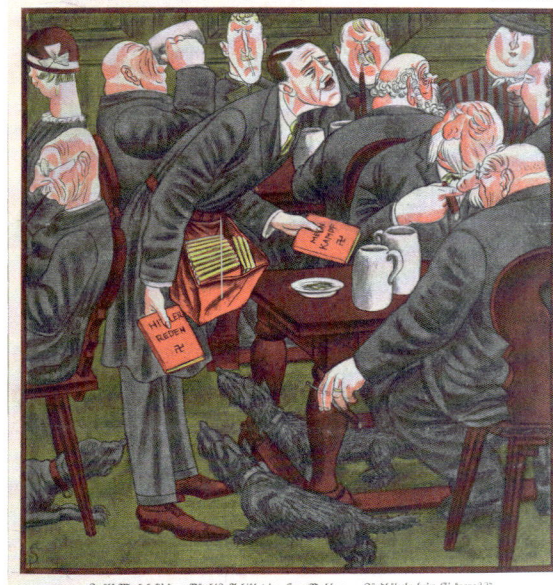

IN DER AUGUST-AUSGABE DER SATIREZEITSCHRIFT SIMPLIZISSI-MUS WURDE 1925 DER MIT »MEIN KAMPF« HAUSIERENDE ADOLF HITLER NOCH VON DEN BIERDACKELN VER-BELLT. WENIG SPÄTER SCHRIEBEN DIE KARIKATURISTEN DEM DACKEL EINE NEUE ROLLE AUF DEN KLEINEN LEIB: BEGLEITER DER NATIONALGE-SINNTEN UND ERZKONSERVATIVEN. DER DACKEL GERIET IN ALLER WELT ZUM SYNONYM DES DEUTSCHEN IM SCHLECHTESTEN SINNE. IN DEN USA FIEL WÄHREND DES HITLER-REGIMES DIE DACKELLIEBE AUF EIN REKORDTIEF.

lich eng wie im Fuchsbau, nur weniger gefähr-lich. Und drittens hat der Dackel einen siebten Sinn. Alten oder gebrechlichen Menschen ist er stets ein besonnener Begleiter. Das schließt Besoffene nicht aus. Dank eines ordentlichen Geruchssinns finden Dackel geradezu schlaf-wandlerisch gewohnte Wege wieder.

In den Bereich der Spekulation gehört die The-orie, dass der Dackel als Anstandswauwau taug-te. Eventuell würde er einschreiten, wenn sich Herrchen oder Frauchen außerhalb der eheli-chen Banden bewegen, aber diese parteiliche

Haltung kann mit Bestechungswurst und Nie-derkraulen gebrochen werden.

Vielleicht liegt es aber auch an Dackels rustika-lem, aber privilegiertem Beruf, dem Jäger zur Hand zu gehen. Denn jede Jagd endet bekannt-lich beim Umtrunk oder bei einem herzhaften Essen. Dadurch hat der Dackel doch einen deutlich stärkeren Bezug zu Hochprozentigem als ein dienstbeflissener Schäferhund, ein ma-nierlicher Begleit-Mops oder ein Kammerjäger à la Chihuahua.

ALLES EIN MÄRCHEN?

Vielleicht ist der Dackel aber auch überhaupt kein Bayer, vielleicht hat er seine Ursprünge in Italien, noch bei den Römern, die dann seine Vorfahren, römische Bracken, bis zum Limes brachten. Vielleicht ist der Dackel ein Viech, das sich besonders in bayerischer Föhnluft wohlfühlt, weil dann ein jeder Verständnis für

Launen aller Art hat. Vielleicht ist aber der Dackel nur ein ganz geschickter Schauspieler, der sich jedweder Umgebung mühelos anpasst, nur eben die Bayern, die sehen in ihm einen Spiegel ihrer selbst. Sehr wahrscheinlich ist alles erstunken und erlogen, was man über die Bayern und die Dackel sagt. Aber eines ist gewiss, in kaum einem Landstrich der Welt gibt es so viele Dackel wie in Bayern. Mag man nun von Mythos, Geschichtsklitterung oder Legendenbildung denken, was man mag: Der Dackel hat Bayern, insbesondere München, geprägt. Allerdings kann er am wenigsten dafür. Ganz im Gegenteil: Eigentlich ist der Dackel, dank großer Individualität, polyglott wie kein zweiter Hund.

BEREITS IN DEN 1950ER JAHREN ERHOLTE SICH DER DACKEL VOM SCHLECHTE IMAGE UND GILT BIS HEUTE ALS BOTSCHAFTER BAYERISCHER GEMÜTLICHKEIT.

DER DACKEL HEUTE

FASHIONABLE, TRENDIG, ANPASSUNGSFÄHIG

Ob im Pariser In-Viertel St. Germain, auf dem Washington Square in New York oder auf den Ramblas in Barcelona — man kann dem Dackel von heute überall begegnen, vor allem immer häufiger in den Städten. Denn eine Eigenschaft des Dackels ist sein gnadenloser Wille zum Dabeisein. Er wird vieles auf sich nehmen, wird sogar seinen Dickkopf zurücknehmen, wenn er nur die menschliche Begleitung nicht missen muss. Das macht ihn zu einem wahren Chamäleon des postmodernen, mobilen Lebens.

Und tatsächlich, auch wenn man es als reine Äußerlichkeit abtun will: Dackel verstehen es perfekt, sich dem jeweiligen Look anzupassen.

Als stoisch blickender Aristo-Freund auf den Armen von Prinzessin Caroline von Monaco? Kein Problem, der Dackel wird das Hofprotokoll entweder sprengen oder verinnerlichen. Als Entspannungs-Guru für Oasis-Sänger Liam Gallagher wird er ebenso die beste Figur machen wie als literarischer Begleiter bei Lesungen, als Kunstexperte bei Vernissagen oder im Vier-Sterne-Lokal. Das Image des idealen Wirtshaushundes hat sich der Dackel schon vor Jahrhunderten erworben. Er liebt das Zwielicht unterm Tisch, allzu ähnlich sind auch die Lichtverhältnisse im Unterholz. Nähe zum Bein ist er gewohnt, und ob nun ein paar hundert Beine mehr darunter stehen als die seiner Herrschaft, nimmt der Weltenbummler gelassen.

Ja, man muss es sagen, der Dackel ist in den letzten Jahren weltläufig wie kein Zweiter geworden. Lange vergessen der Aufschrei, dass der Dackel eventuell aussterben könnte (wobei er davon mit jährlich mindestens 25 000 Neuwelpen, allein in Deutschland, weit entfernt war). Dackeldesign ist Trend — und wer über sich selbst lachen kann, scheut sich nicht, den eigensinnigen Dackel als Begleiter zu wählen. Der wird mühelos eine Wagner-Oper durchsitzen, wird auf Empfängen sich mehr oder weniger zu benehmen wissen und kann beim Shoppen die Herzen sämtlicher Verkäuferinnen brechen. Seine Statur ist ihm bei dem Karrieresprung zum Globalisten behilflich. Gerade Kaninchen- und Zwergdackel sind so handlich, dass sie im Notfall auch in eine Tasche passen. Auf Flugreisen äußerst praktisch, denn ab neun Kilogramm müssen Hunde in einer Transportbox in einem extra Transportraum fliegen. Mal ganz abgesehen vom Sinn und Unsinn mitfliegender Hunde – eine Reise fern von Herrchens oder Frauchens vertrautem Geruch verzeiht ein Dackel nicht so schnell.

Wenn man sich die Gazetten der letzten Jahre so ansieht, sind neben den üblichen Verdächtigen, die immer schon einen Dackel hatten, dazu zählen zum Beispiel der dänische Prinz-Gemahl Henrik und Königin Elizabeth von England, viele Neu-Dackel-Besitzer hinzugekommen. Gerade unter den Top-Models dieser Welt ist der Dackel-Hype ausgebrochen. Zu den gestylten Outfits scheint die kuriose »bella figura« eines Dackels bestens zu passen. Wer nun die Stirn runzelt über so viel Äußerlichkeit, hat sicher einerseits recht. Auf der anderen Seite sind

und waren Modehunde immer auch ein Zeichen der Zeit. Und die Zeiten stehen ganz offensichtlich auf Individualität. Ein Hund, der flink im Kopf und in den Beinen ist wie der Dackel, kann mit einer sich immer schneller drehenden Gesellschaft gut mithalten und wird, dank ihm innewohnenden Schalk, seine Familie bei allen Höhenflügen immer wieder erden.

NEW STYLE AUS DER NEUEN WELT GEGEN OLD FASHIONED

Auch wenn der Tigerdackel schon lange bekannt und bei Züchtern nicht immer geliebt ist, denn die Flecken im Fell gehen auf einen

PREPPY-LOOK UND FASHION-VICTIM – DEM DACKEL AN SICH WÄRE DAS OUTFIT WURST, ABER ER WILL KEIN SPASSVERDERBER SEIN.

terte Dackel heute hat nichts mehr von jenen raubeinigen Naturburschen, wie sie im 19. und 20. Jahrhundert vorherrschten. Zwar gibt es seit den Rassebestimmungen von 1888 immer schon die Einteilung in die drei Größen Normalteckel, Zwergdackel und Kaninchendackel, aber man wird derzeit den Verdacht nicht los, dass der Normaldackel ein Auslaufmodell ist. Zu langer Radstand, zu wenig wendig, teuer im Unterhalt und nicht treppentauglich.

Grundsätzlich ist natürlich kein Dackel so richtig für Stufen gemacht, aber ein schlanker Hund tut sich vom athletischen Standpunkt her leichter mit dem Überwinden von Höhenunterschieden. Vielleicht ist aber auch der Trend zu den sogenannten Taschenhunden schuld am augenscheinlichen Verkleinern der Dackel. Handlich, schnell in den Arm zu nehmen und adrett in der Haltung – das sind die Anforderungen an den modernen Stadtdackel, der von seiner Wald- und Wiesentauglichkeit dabei nichts eingebüßt hat.

Gen-Defekt zurück, den sogenannten Merle-Faktor, der für Ausdünnung und Pigmentstörungen sorgt, so bekommt doch dieser getüpfelte Schlag immer mehr Anhänger. Vorreiter waren die USA, wo die Tigerdackel schon lange ein Geheimtipp sind.

Vielleicht liegt dies auch an der geringen Verfügbarkeit. Denn Tigerdackel dürfen sich nicht mit Tigerdackeln paaren, schwere gesundheitliche Schäden können die Folge sein. Vermutlich ist der Reiz aber eben die Extravaganz des Fells, das zwischen bunt gescheckt, hyänenartig und getigert alles sein kann, inklusive zweifarbiger Augen, die dem Dackelblick zusätzliche Apartheit verleihen. Tigerdackel sind einfach stylish, ähnlich den stromlinienförmigen Kurzhaardackeln, die derzeit im Handtaschenformat daherkommen. Ach, überhaupt die Größe!

Waren die Dackel der Klassik oder Romantik noch recht bräsig gebaute Wuchtbrummen, so tendiert der moderne Dackel zur Slim Line – schmale Körperchen auf sehr dünnen Beinchen, Schnäuzchen spitz wie Nadelköpfe, Zeichen von zerbrechlicher Physis. Der verstäd-

Ein Dackel soll es sein ...

... DOCH WOHER NEHMEN?

Sie haben zahllose Literatur über den Dackel gelesen, Sie wissen, was auf Sie zukommt und wissen, vielleicht sogar schon, ob Weibchen oder Männchen, bleibt noch die Frage des Woher.

Ein Welpe soll es sein

Sie wollen die ganze Kernerarbeit der Erziehung selbst erledigen, wollen die Anstrengungen der ersten Monate auf sich nehmen, einen Hund stubenrein zu machen, wollen die aufreibende Rüpelphase erleben und erleiden und eventuell sämtliche Hundeschulen der Umgegend unsicher machen? Dabei den Verlust mehrerer geliebter Schuhe, einiger Hundeleinen, diverser Kissen und Decken sowie eventuell die Hoheit Ihres Betts drangeben? Ich kann Sie verstehen. Ein junger Dackel ist die Wonne. Nichts ist drolliger, lebendiger, niedlicher, verschmuster, frecher, knuffiger, mutiger als ein Babydackel. Vorausgesetzt, er kommt aus einer guten Zucht mit verantwortungsvollen Menschen, die den Dackelkindern Idealbedingungen schaffen, um sie zu fitten Kerlchen mit einem langen Leben zu machen.

Wer trotz aller Verblendung, die sich automatisch einstellt, wenn man einen Haufen wuselnder Dackelwelpen sieht, dennoch einen kleinen Rest Vernunft bewahren möchte, geht bei der Auswahl nach einer kleinen Checkliste vor, bevor ihn der Schlag der Verliebtheit trifft und er einen Welpen an die Brust drückt.

- Freundlich und munter, gesellig und lebendig sollen die Welpen wirken. Vorsicht bei ängstlichen oder gestressten Tieren.
- Die Umgebung der Welpen ist appetitlich und gepflegt, die Welpen selbst sind sauber und riechen »gut« nach Welpen, ein Duft, den der Aromatiseur zwischen Milch, Honig, Heu und Hundefell einordnen würde.
- Die Bäuchlein der Welpen sind mollig, aber nicht aufgebläht.
- Die oberen Schneidezähne liegen knapp über den unteren (Scherengebiss).
- Das Ohreninnere ist rosa und ohne Geruch.
- Die Augen glänzen und zeigen keinen Ausfluss.

- Die Nase ist feucht und sauber.
- Beim Laufen zeigen die Tierchen zwar Welpen-motorik, aber sie lahmen nicht, ziehen keine Pfote nach oder bewegen sich ruckartig.

ZÜCHTER MIT BRIEF UND SIEGEL

Bei Züchtern, die dem VDH (Verband für das deutsche Hundewesen), dem ÖKV (Österrei-chischer Kynologenverband) oder dem SKG (Schweizerische Kynologische Gesellschaft) an-gehören und sich den strengen Zuchtauflagen der Dachverbände unterwerfen, kann man sehr sicher sein, dass verantwortungsvoll gezüchtet wird. Ständige Kontrollen durch den Zuchtver-ein, Impfung und mehrfache Entwurmung so-wie Chippen jedes Welpen sind Standard. Die Elterntiere sind auf Erbkrankheiten untersucht und als Zuchttier zugelassen. Ganz wichtig ist der sorgsame Umgang mit den Hündinnen.

Nicht bei jeder Läufigkeit dürfen sie gedeckt werden.

Beim Kauf wird Ihnen ein Abstammungsnach-weis ausgehändigt. All das können Sie bei nicht registrierten Züchtern nicht voraussetzen, was nicht heißt, dass es unter Hobbyzüchtern nicht ganz wunderbare »Elternhäuser« gibt. Deshalb gibt es einige Punkte, die Sie beim Besuch des Züchters in Erfahrung bringen sollten – oder be-reits im Vorfeld:

- Versuchen Sie, von den Züchtern so viel wie möglich zu erfahren. Das Ziel jedes Züchters muss die körperliche und geistige Gesundheit der Tiere sein. Profitgier ist kein Zuchtziel.
- Sehen Sie sich die Mutter der Welpen an. Ihr Umgang mit ihren Kindern sagt viel aus. Von ihr lernen die Welpen die Grundtricks des Le-bens.
- Auch Dackelzüchter sollten einen »Dackel-Knall« haben und ihre Ziehkinder von ganzem Herzen lieben. Im Idealfall leben die Dackel in der Wohnung und sind an den Umgang mit

Menschen gewohnt. Ihren Züchter begrüßen sie liebevoll bis stürmisch.

- An Alltag gewöhnte Welpen schrecken nicht vor dem kleinsten Geräusch zusammen, seien es Wecker, Staubsauger oder Kaffee-maschinen.
- Die kleinen Dackel kommen regelmäßig und viel an die frische Luft. Sie sind verschiedene Situationen gewöhnt und bereit, sich auf neue einzustellen.
- Ein Züchter kennt seine Tiere: Bei der Auswahl fragen Sie ihn um Rat, er kennt die verschie-denen Temperamente auseinander und kann Ihnen im Idealfall den richtigen Welpen zuord-nen (wenn das die kleinen Racker nicht ganz von selbst tun).
- Welpen dürfen erst nach der 8. Woche ab-gegeben werden (in der Schweiz erst nach 10. Woche). Die Dackelchen sind dann be-reits mehrfach entwurmt und geimpft (siehe S. 94) sowie gechipt. Ein EU-Heimtierausweis wird Ihnen mitgegeben.

- Der Züchter gibt Ihnen nicht nur Futter für die ersten Tage, sondern auch einen Futterplan mit.
- Ein guter Züchter fragt interessiert nach Ihren Lebensverhältnissen, will wissen, wo der Hund hinkommt.
- Gute Züchter sind auch nach dem Kauf erreichbar für Nachfragen.
- Der Züchter sollte Ihnen sympathisch sein, zu empfehlen ist auch der Besuch bei mehreren Züchtern zum Vergleich.

FEHLERLISTE

Tiere vom Züchter werden vor der Abgabe nicht nur vom Tierarzt, sondern auch vom Zuchtwart des Zuchtvereins untersucht. Hierbei werden vor allem jene Merkmale beachtet, die eventuell zu einem Zuchtausschluss führen können. Das heißt im Klartext, dass mit diesen Hunden dann nicht gezüchtet werden darf. Wenn Sie diesbe-

züglich keinen Ehrgeiz haben, spricht überhaupt nichts dagegen, ein solches Tier zu erwerben, denn so mancher Zuchtausschlussfehler ist für ein gesundes munteres Tier nicht von Bedeutung: Knick in der Rute, Zahnfehlstand, ein oder zwei fehlende Hoden – der Liebe zum Dackelchen wird das keinen Abbruch tun, außer Sie möchten Ihrem Leben eine neue Wende geben und Dackelzüchter werden. Dann sollten Sie auf solche Schönheitsfehler achten, aber auch die müssen sich nicht als Zuchthindernis herausstellen, weil sie sich entweder später verwachsen oder nachbilden. Der Zuchtwart kennt sich damit aus. Ab dem 15. Monat darf dann ein Dackel zur Zucht verwendet werden.

HEUTE SIND DIE ZUCHTBESTIMMUNGEN STRENG, UM AUCH DIE WEITERGABE GESUNDHEITSSCHÄDIGENDER FAKTOREN ZU VERMEIDEN UND DAS GENAUE AUSSEHEN ZU SICHERN.

Ein erwachsener Hund und eine gute Tat

In vielen Tierheimen sitzen Dackelchen und warten auf ein neues Zuhause. In aller Regel sind die bisherigen Herrchen und Frauchen erkrankt oder gestorben oder die Tiere umständehalber in die Notsituation gekommen. Viele der dort untergekommenen Dackel sind gut sozialisiert und menschenfreundlich. Natürlich gilt auch hier: Erfragen, wie der Hund bisher gelebt hat. Verträgt er sich mit anderen Hunden oder Tieren, mit Kindern, kann er allein bleiben und verträgt er Autofahrten.

Da der Dackel ein Pragmatiker ist, findet er sich auch mit neuen Situationen ab. Schnell lernt er, sich in einer neuen Familie zurechtzufinden. Viele Dackel werden gerade durch den »Schock« des Heimaufenthaltes zu sehr friedlichen und treuen Genossen, die den Gehorsam gepachtet haben. Manche brauchen eine starke, aber geduldige Hand und sehr, sehr viele brauchen einfach unendlich viel Zuwendung und Unterhaltung. Dafür fallen bei einem erwachsenen Hund die ganze Eingewöhnung, das Stubenreinmachen und sonstige Basics weg. Auf Dackelvermittlung spezialisierte Vereine (s. S. 154) helfen bei der Suche und können vermitteln. Für erfahrene Dackelmenschen ist die Aufnahme eines Tierheimdackels ideal, auch als Zweithund.

Ein Dackel-Senior

Dackelchen, die im hohen Alter noch ihren Körbchenplatz wechseln müssen, sind zwar einerseits wirklich arme Hunde, können aber zu großartigen Begleitern werden. Denn der betagte Dackel wird altersweise in einem Maß, wie man es dem tollkühnen Jungdackel nie zugetraut hätte. Milde und Gelassenheit sind die Tugenden des greisen Dackels, und bedenken Sie, ab zehn gelten Hunde als alt, doch für einen Dackel ist da erst mal Halbzeit. Da können Ihnen mit dem Dackelsenior noch viele erfüllte Jahre gegönnt sein. Besonders Menschen, die selbst vielleicht nicht mehr ganz so agil sind, werden mit dem Best-Ager-Dackel ein Dreamteam bilden, das sich gegenseitig viel gibt. Und auch Marotten und kleine Ungezogenheiten kann man einem alternden Dackel noch abgewöhnen, sie sind schlau genug, ein neues Leben zu beginnen, wenn sie verstehen, dass es zu ihrem Besten ist.

Mittlerweile haben sich einige Websites auf die Vermittlung herrenloser Dackel spezialisiert. Zum einen werden hier alle dackelartigen Tierheiminsassen Deutschlands angezeigt, zum anderen auch Auslandshunde, die vermittelt werden sollen.

Im Dackel vereint

Natürlich können Sie mutterseelenallein bleiben mit Ihrem neuen oder alten Dackel oder Sie haben ein so großes soziales Umfeld, dass dem Dackel nie langweilig wird. Ja, ganz richtig, dem Dackel kann es richtig schnell langweilig werden. Unterbeschäftigt, intellektuell unterfordert, nicht ausgepowert, vereinzelt, nicht gruppentauglich und wenig sozialisiert, wenig gesellschaftlicher Austausch, weder mit Mensch noch Hund, der immer gleiche Trott – all das kann einer Rampensau wie dem Dackel aufs Gemüt schlagen, was nicht heißt, dass er nicht auch seine stillen Stunden braucht.

Man muss nicht gleich Mitglied in einer Hundeschule werden oder von Dog Dancing bis Mantrailing ein ganzes Zirkeltraining wohlmeinender Hundesportarten durchpflügen – oft reicht ein netter Kreis Gleichgesinnter. Das kann ein örtlicher Dackelclub sein, der sich den reinen Spaß an der Freude auf die Fahne geschrieben hat.

Dort »trainieren« die Hunde spielerisch bei gemäßigten, gemeinsamen Spaziergängen, dass auch andre Frauchen und Herrchen nette Hunde haben.

Es kann natürlich auch die ehrgeizigere Variante eines Zuchtverbands sein oder gleich der ganz offizielle Deutsche Teckelclub, gegründet 1888 und damit zweitältester Hundezuchtverein Deutschlands. Wo, in welchem Bundesland und wo dann dort in welcher Region Dackelclubs, Verbände und dergleichen sind, kann man beim VDH oder dem DTK erfragen oder natürlich im Internet suchen.

Sämtliche Zuchtverbände haben das Bestreben, Dackel auch jagdtauglich weiterzuzüchten. Hier kann es also durchaus strenger und ernsthafter zugehen als in den vom Freizeitgedanken geführten Clubs.

Wer seinem Hund eine Begleithundprüfung angedeihen lassen möchte, ist bei den Zuchtverbänden sowie bei den Jagdvereinen gut aufgehoben. Regelmäßig werden dort Begleithundkurse und die entsprechenden Prüfungen angeboten. Auch in Sachen Welpenvermittlung und Welpenschulen wird man dort gut beraten. Wen die Dackelleidenschaft an der Wurzel packt, der kann natürlich auch ins Veranstaltungsfach der Rassehunde-Ausscheidungen einsteigen. Auch hier hilft der Deutsche Teckelclub weiter. Aber Achtung: Für weniger ernst veranlagte Menschen könnten die dortigen Vorschriften bisweilen befremdlich sein. So werden z. B. am Hals getrimmte Langhaardackel erst gar nicht zu einzelnen Schauen zugelassen, da es »eine Manipulation am Hund« bedeutet.

Wie schön, dass es heute eine Auswahl unterschiedlichster Interessenverbände gibt. Zwar eint alle die Liebe zum Dackel, aber es liegen eben Welten zwischen Züchtern, Jägern, Hundeausstellern und Menschen, die ganz einfach einen »Dackel-Knall« haben und diese herzensguten Draufgänger lieben, ohne Wenn und Aber, mit und ohne getrimmte Haare, mit kleinen Schönheitsfehlern und ohne jeden Ehrgeiz.

CLUBBING, BLOGGING, DOGGING

Natürlich eröffnet kein Dackel persönlich ein Facebook-Konto. Aber es gibt wohl kaum so viele Facebook-Profile wie von Dackeln und deren menschlichen Administratoren, und das weltweit. Der Dackel und seine Besitzer sind polyglott, in aller Welt daheim und dementsprechend vernetzt. Ob Teilnahme des Dachshound Club New York an der St.-Patrick's-Day-Parade, ob Dackelparty in Süddeutschland oder italienische Bassotto-Events, die weltweite Dackelgemeinde kann sich, wenn es sein muss, schnell wie ein Erdhund in die Netze graben und das Neueste aus dem Leben der Dachshunde posten. Inklusive Fotos natürlich und, Hand aufs Herz, auf süße Dackelfotos fahren alle Dackel-Aficionados voll ab. Ob man das mitmachen möchte, ist jedem Besitzer selbst überlassen. Tatsache ist, dass schon so manche transatlantische Freundschaft via Dackel entstanden ist.

Das gesellige Wesen des Dackels (und der sich ihm anpassenden Herrchens und Frauchens) macht also auch vor der virtuellen Welt nicht halt.

Eine ganz spezielle Gruppe, besonders im Netz, bilden die Dackeltheoretiker. Menschen, die teils mit großer Akribie Wissenswertes von und mit Dackeln zusammentragen und verbreiten, allen voran Promis mit Dackel. Auch wir wollen uns diesem Thema nicht verschließen, wirft es doch ein ganz besonderes Licht auf bestimmte Berühmtheiten. Schließlich hat man nicht aus Versehen einen Dackel, sondern meist mit voller Absicht!

KÜNSTLERHUNDE

DACKEL ALS INSPIRATIONSQUELLE

Sie inspirieren, begeistern, reizen und fordern heraus: Dackel verkörpern die Individualität in der Kunst. Und sind die Musen der Künstler. Doch das war nicht immer so.

KRUMME HELDEN DER KUNST

VON MEISTERWERKEN, POSTKARTEN-MOTIVEN UND WERBUNG

Auch wenn man mit viel Fantasie auf ägyptischen Hieroglyphen kurzbeinige Hunde erkennen kann, so sind diese 6000 Jahre alten Caniden sicherlich eher Zufallsprodukte als Zuchtergebnisse. Auch die Hunde auf den pompejanischen Wandmalereien wurden vermutlich nicht mit Absicht und gezielt krummbeinig und langschnäuzig gezüchtet. Und auch ohne gesicherten Rasseverweis begleiten Pisanellos (1395–1455) »Heiligen Eustachius« eher dackelähnliche Tiere, aber immerhin. Selten, aber doch taucht der Dackel dann in der spätmittelalterlichen Tafelmalerei auf. Lucas Cranach d. Ä. (1472–1553) verewigt einen geduldig blickenden Langhaardackel zu Füßen der

heiligen Anna auf dem Torgauer Fürstenaltar. Als Sinnbild der Treue, besonders verheirateter Frauen, galt der Hund schon seit der Antike. Im Mittelalter setzten die Maler symbolische Zeichen, wenn sie einen Hund zu Füßen einer weiblichen Person einfügten. Die heilige Anna war laut katholischer Kirchenlehre gleich dreimal verheiratet – der humorige Dackel ist vielleicht als Augenzwinkern von Cranach zu verstehen.

Genauso muss man wohl auch das unsignierte Bildnis Sir Walther Raleighs (1552–1618) betrachten, der bei seinem ersten unwürdigen Rauchversuch von einem Dackel beobachtet wird und als erster Pfeifenraucher Englands gel-

ten kann – erst kurz vorher war der Tabak von Amerika durch Sir Francis Drake ins Vereinigte Königreich gebracht worden.

VORSEITE: PIERRE BONNARD HATTE ZWEI LIEBLINGSMODELLE: SEINE DACKEL UND SEINE FRAU. (AUSSSCHNITT AUS »DIE ROT KARIERTE TISCHDECKE«).

OBEN: DANDY DINMONT VON TIERMALERIN LUCY WALLER.

RECHTS: ERSTE DACKEL IN DER KUNST FINDEN SICH BEI PISANELLO (LINKS: VISION DES HEILIGEN EUSTACHIUS) UND LUCAS CRANACH D.Ä. (TORGAUER FÜRSTENALTAR).

DASS EIN DACKELÄHNLICHER AUSGERECHNET ZEUGE VON SIR WALTHER RALEIGHS ERSTEN RAUCHVERSUCHS WIRD, ZEUGT VOM HUMOR DES UNBEKANNTEN MALERS.

Ein deutlich schärferes Bild des kleinen Laufhundes zeigt uns Pieter Brueghel der Ältere (1525–1569) in seiner »Heimkehr der Jäger«. Der große »Erfinder« der Genremalerei schenkte als einer der ersten Künstler dem »gemeinen Volk« große Aufmerksamkeit, er malte das Alltagsleben in allen Jahreszeiten. In seiner »Heimkehr der Jäger« läuft mitten in der großen Jagdhundmeute ein kleiner dickbäuchiger Hund, versteckt hinter dem bäuerlichen Jäger im roten Wams, her – eine zusammengewürfelte Truppe, die so gar nichts Herrschaftliches hat, kein einziges edles Tier zeigt und auch alles in allem ein recht zusammengewürfelter Haufen zu sein scheint. Ein solches Sujet war neu, und ebenso neu war damit der bislang unspektakuläre Dackel in der Kunst. Allerdings sollte zwischen dem flämischen Renaissance-Dackel à la Brueghel und der Epoche des großen Dackelauftritts noch viel Zeit vergehen, um es genau zu sagen, weitere 300 Jahre.

DER DACKEL, EIN AUFKLÄRER

Bis zur Französischen Revolution waren Hunde äußerst beliebte Sujets auf Bildern: Windspiele, Molosser, Dalmatiner, Schnauzer – mit allem, was groß und edel, jagdbesessen und furchterregend war, ließen sich Herrscher und Geldadel abbilden. Die dazu passende Damenwelt umgab sich mit Maltesern, Zwergspitzen und anderen Schoßhunden, Möpschen und wolligen Spielarten aus Pudel und Spaniel. Dackel kamen nicht vor. Nicht auf adligen Ahnentafeln, nicht auf Herrscherporträts oder Salongemälden. Dackel wurden zur Nieder- und Raubwildjagd verwendet und waren schon deshalb nicht adäquat in Stand und Aussehen, denn die Jagd auf Hirsch und anderes größeres Getier war dem Adel vorbehalten, und die schmückten sich mit langbeinigen, risthohen Viechern. Oder folgsamen Meuten. Dazu taugte der Dackel schon damals nur bedingt. Denn der Dackel ist ein forstlicher Begleiter mit Raubschärfe, wühlt im

Dreck und kommt von der Jagd erdverschmiert und wenig salontauglich wieder. Solche uneleganten Wald- und Wiesenjäger wurden so gut wie nicht porträtiert, wenn wir von Jean Baptiste Oudry (1686–1755) absehen, Hofmaler Ludwigs XV., dessen graziöse Barockstillleben den formal ebenfalls recht barocken Dackel zuließen und der bereits die große Zeit der Animaliers, der Tierporträtisten, vorwegnahm. Ehrlicherweise war das aber die Ausnahme.

Das änderte sich schlagartig mit der Französischen Revolution. Die Menschen hatten genug von der einseitigen Sicht der Dinge, und das betraf nicht nur die gesellschaftliche Ordnung, sondern auch die Darstellung von Tieren. Die Welt wurde größer: Ein Heinrich Alexander von Humboldt (1769–1859) entdeckte den botanischen und tierischen Reichtum Südamerikas, ein Heinrich Schliemann ließ die Antike durch seine Ausgrabungen in Troja und Mykene wiederauferstehen, der glühende Menschenfreund Jean

Jacques Rousseau plädierte für eine weniger restriktive und dafür naturverbundene Kindererziehung und Dichter und Naturforscher Adalbert von Chamisso brachte Pflanzenfunde aus der ganzen Welt, die er wortreich beschrieb. Es begann die große Zeit der Pflanzen- und Tiermaler, denn wenn man die Tiere der Kontinente schon nicht leibhaftig sehen konnte, so wollte man zumindest ein Abbild von ihnen, wenn möglich, auf dem Kaminsims.

Die Tierporträtisten wurden zu den großen künstlerischen Gewinnern des Empire und des sich anschießenden Biedermeiers. Denn neben dem Interesse an Exoten erwachte auch das an der heimischen Fauna. Natürlich passte der Dackel immer noch nicht in ein gängiges Muster.

GIOVANN BOLDINI (1842–1931) WAR EINER DER GROSSEN PORTRÄTISTEN DER BELLE EPOCHE. LIEBLINGSSUJET: DAMEN UND DEREN HUNDE.

OBEN: WEIL ER DIE HUNDE
EINES ADLIGEN KUNDEN SO
PERFEKT PORTRÄTIERTE, WURDE CARL
REICHERT AN DEN KAISERHOF IN
WIEN ALS HUNDEMALER EMPFOHLEN.

RECHTS OBEN: DEN GESCHMACK
DES BIEDERMEIERS TRAF DER
MÜNCHNER ADOLF EBERLE PERFEKT,
HÄUFIG DURCH DEN DACKEL.

RECHTS UNTEN: FRANZ
DEFREGGER WAR MIT BÄUERLI-
CHEN MOTIVEN LIEBLING DER MÜNCH-
NER SCHULE. »DER KRANKE DACKEL«
WURDE ZUR BILDIKONE VIELER
POSTKARTENMALER.

Weder war er exotisch genug noch stattlich noch ein Nutztier wie das Pferd. Doch er wedelte sich bereits in die Herzen der bürgerlichen Familien, die in der Gesellschaft immer wichtiger wurden. Und er entsprach zu hundert Prozent dem großen Ideal der Aufklärung: Individualität.

DER SALONDACKEL

Die napoleonischen Kriege und in deren Folge die staatlichen Umwälzungen nach dem Wiener Kongress (1814/15) führten bei der Bevölkerung Deutschlands und Österreichs zu großer politischer Unlust. Man zog sich zurück, pflegte das Heimische und besann sich auf Tradition. Dazu gehörten geselliges Beisammensein in der Familie, in Wirtshäusern und in Gärten, beschauliche Momente bei einem Buch, der Stubenmusik oder mit Kindern. Und die Maler entdeckten den Charme des Landlebens. Nie zuvor wurden so viele Bauern, Bergbewohner, Jäger, Trachten,

Volksfeste und rustikales Ambiente gemalt wie im Biedermeier. Sogar die Könige reklamierten die neue Landlust für sich und gewandeten sich in Loden und Dirndl, der Adel ging mit dem gemeinen Jäger auf die Jagd, und von der Künstlergattin bis zur Bäuerin trugen alle hochgesteckte Zöpfe, Blumensträuße im Ausschnitt und geschmackvolle Accessoires, die nach frischer Luft und Familiensinn aussahen.

Solcher Zeitgeist bereitete den Siegeszug des Dackels in der Kunst! Denn auf die eher sachlichen Animaliers folgten die Genremaler des Biedermeiers und Realismus. Mit großer Detailverliebtheit und hohem technischem Können formten sie die Welt, wie sie alle gerne gesehen hätten. Idyllen am Küchentisch, romantisierte Bauernstuben, Vorgärten und Lauben, beschauliche Jagdausflüge. Alles leicht urtümlich und eher gesellschaftlich eine Nummer einfacher als der Betrachter selbst. Zu diesem Parterre passte auch der Dackel. Bisher kunsthistorisch unauffällig, entfaltete er mit dem Einsetzen des Biedermeiers seinen ganzen Charme und eroberte künstlerisch die Herzen des Bürgertums, denn solche Bilder wollten sich auch die Bürger an die Wand hängen. Eskapismus vom Feinsten. In den biedermeierlich fein möblierten Zimmern der Städter waren Szenen wie »Der Jagdausflug« ebenso zu finden wie beim Förster oder beim Jäger. Und der Dackel bot als kleiner »unperfekter« krummbeiniger Kobold genau die Projektionsfläche, die sich die Bourgeoisie wünschte. Ein wenig Hofnarr, ein wenig Schelm, nicht ohne Biss, aber beherrschbar und gutherzig. Der Dackel wurde zum Synonym einer Gesellschaft, die sich von der Öffentlichkeit zurückgezogen hatte und ihre ganz eigene, bodenständige Welt schuf.

ALPENSCHMÄH UND ZAMPERL-LYRIK

Zusammen mit der Walzerfamilie Strauß bildeten die österreichischen Genremaler des Biedermeiers ein Gesamtpaket an Idylle im Dreivierteltakt. Ferdinand Georg Waldmüller (1793–1865), der autodidaktische österreichische Biedermeiermaler, schuf Szenen, die so ländlich harmonisch sind, dass sie Vorboten der schon bald aufkommenden ersten Fotografien, der Daguerrotypen, zu sein scheinen. Schnappschüsse des Lebens, überperfekt inszeniert, sodass es ein spielerisches Element brauchte, um diese Harmonie zu brechen: Der Dackel war ideal dafür geeignet. Handlich, schlappohrig, possierlich, passte er in die Arme der Dargestellten, ohne die Komposition zu stören. Er ließ sich hängen und gehen, lag dekorativ unter dem Tisch und war in seiner erdigen Farbigkeit der ideale Dekorationshund des bäuerlichen Biedermeier. Bildtitel wie der »Der kranke Dackel« von Franz Defregger (1835–1921) zeigen, wie sehr dieser Hund personifiziert wurde. Es war nicht länger ein Bildaccessoire, sondern das spielerische Element, das einem den Ernst des Lebens vom

Hals hielt. War es krank, musste es wie ein Kind gehätschelt werden. Nie davor und nie danach hat der Dackel eine solche kunsthistorische Wichtigkeit erlangt.

Mit dem Einsetzen der farbigen Postkarten gelangte das Genre Dackel in die ganze Welt. Historien- und Genremaler wie Carl Reichert (1836–1918) schrammten mit ihren Dackelporträts hart an der Grenze des Kitsches entlang und waren so ideale Lieferanten für Postkartenmotive. Adolf Eberle (1843–1914), ein Münchner Maler aus der Schule Carl von Pilotys (1826–1886), kreierte einen Alpenstyle, den man heute getrost als Countrylook des Biedermeiers bezeichnen kann. Auf kaum einem seiner Bilder fehlt er, der Dackel. Noch stark brackenartig, muskulös und arbeitswütig malte Eberle ihn, aber kompositorisch so sehr Mittelpunkt auch der bäuerlichen Familie, dass man da bereits ahnen kann, dass es der Dackel noch weit bringen würde, und das schon bald.

Fast schon impressionistisch, aber ebenfalls stark süddeutsch in seinen Themen legte Theodor Kleehaas (1854–1929) seine Bilder an. Dabei wählte er nicht nur den Dackel öfter aus als jedes andere Tier, er porträtierte auch mit Vorliebe Kinder in süddeutscher Ideallandschaft. Kleehaas' Motive zierten auch Werbeschilder und zahlreiche Postkarten mit stilisiertem Dackelglück. Vielleicht hat er mit seinen Sujets jenen Boom losgetreten, der den Dackel verniedlichte und ihm damit ein nachhaltiges Image verpasste, das zu manchem Missverständnis führen sollte.

DAS POSTKARTEN-MOTIV

Mit den Genremalern des Biedermeiers und dem neu entdeckten Medium Postkarte – ab 1878 konnten fast auf der ganzen Welt Postkarten, damals noch »Correspondenzkarten« genannt, international verschickt werden – wurde der Dackel zum postalischen Botschafter. Kaum eine

OBEN: DAS MOTIV »DER DACKEL UND DAS BIER« FÜHRTEN ALLE POSTKARTENHITLISTE AN.

RECHTE SEITE, LINKS: ADOLF EBERLES DETAILGENAUIGKEIT ENTHÜLLT AUCH DIE VERSCHMUSTHEIT DES DACKELS.

AUSSEN OBEN: THEODOR KLEEHAAS LIESS DEN DACKEL IN DIE REKLAME EINFLIESSEN.

AUSSEN UNTEN: BEI CARL REICHERT GERIETEN DIE DACKEL DROLLIG BIS KITSCHIG.

Hunderasse findet sich im 19. Jahrhundert öfter als Motiv wieder als der Dackel. Mal folkloristisch, mal stilisiert, als alberner Werbeträger oder Nummerngirl für den Neujahrsgruß, als Kinderfreund und Biermops – der Dackel hatte genau das Format, um Postillion der guten Laune zu werden. Zahlreiche Beispiele belegen, dass seine Reize nicht nur zur Werbung für München und Bayern eingesetzt wurden, sondern auf der ganzen Welt. Man mag es Kitsch oder Sentimentalität nennen, die Karten haben bis heute Sammlerwert.

DER DACKEL ALS MUSE

Die Idyllen des Biedermeiers mit ihrer Folklore und die Dekorationsverliebtheit hatten aus dem Dackel ein Abziehbild fürs Poesiealbum geformt. Doch weder blieb das Biedermeier ein Dauerzustand noch der Dackel ein Romantiker. Mit der Erfindung der Fotografie wurde die realismusverliebte Genre- und Historienmalerei über-

flüssig. Dank neuer industriell gefertigter Farben konnten sich die Maler einer neuen Leidenschaft hingeben: dem Malen im Freien und dem Einfangen flüchtiger, farbintensiver Momente. Der Impressionismus revolutionierte die Kunstwelt und brachte auch dem Dackel eine neue Bühne. Denn Persönlichkeit war auf einmal gefragt. Auch auf Bildern. Nichts musste mehr perfekt sein, der spontane Eindruck zählte und je eigenwilliger, desto besser. Beste Voraussetzungen für den Dackel, der sich mit seiner einzigartigen Figur und seinem menschenfreundlichen Gebaren zum Mustermodell für Künstler entwickelte.

Ein echter Dackelliebhaber war der Impressionist Max Liebermann (1847–1935). Aus wohlhabendem Hause stammend, war sein Wunsch, Maler zu werden, von großen Widerständen begleitet. Als er, von Reisen in die Niederlande und nach Frankreich inspiriert, die Welt der Arbeiter einfing, bezeichnete man ihn als Maler des Hässlichen. In Deutschland machten ihm Wilhelminismus und aufkeimender Antisemitismus zu schaffen. Er wollte sich nicht einordnen lassen und bezeichnete sich selbst als »Freigeist« – ein Attribut, das er auch mit dem Naturell des Dackels in Verbindung brachte. Als ihm der Direktor der Berliner Nationalgalerie, Hugo von Tschudy, einen Dackel schenkte, war das der Beginn einer anhaltenden Liebe zu diesen Tieren. Drei Dackel sollten Liebermann-Lieblinge werden: Männe, Michel und Nicki. Sie wurden auf zahlreichen Skizzen und in Öl verewigt und von Liebermann verhätschelt, nachdem er sich nach einer großen Erbschaft ein Refugium am Wannsee leisten konnte.

Gleichzeitig experimentierte in Frankreich Pierre Bonnard. (1867–1947) mit Licht und Bildausschnitten und leitete mit dem Postimpressionismus die Auflösung fester Grenze und Formen ein. Neben seiner Muse, Ehefrau und Lieblingsmodell Marthe verewigte der Revolutionär auch seinen Lieblingshund: den Dackel. Scheinbar

MAX LIEBERMANN MALTE ALLE SEINE FAMILIENMITGLIEDER GERNE, INKLUSIVE SÄMTLICHER DACKEL, DIE IM HAUSE LIEBERMANN ALLE FREIHEITEN HATTEN, WIE DAS GEMÄLDE LINKS ZEIGT. AUCH DAS LIEGEN AUF DEM SESSEL GEHÖRTE DAZU.

LINKE SEITE AUSSEN: DIE
ENKELIN VON MAX LIEBERMANN
MIT EINEM PRACHTEXEMPLAR DACKEL
ZU IHREN FÜSSEN.

LINKE SEITE INNEN: DER IM-
PRESSIONIST JULES CAYRON
(1868-1940) LIESS DACKEL AN
SEINER TEA PARTY TEILNEHMEN.

RECHTS: NICHT NUR GRAFISCH
INTERESSANT: DER EINSATZ VON
DACKELN IN DER KOMPOSITION DER
BILDER. DACKEL DURFTEN BEI
PIERRE BONNARD EINFACH ALLES,
AUCH BEI TISCH BETTELN.

durfte der alles, sogar mit den Pfoten auf den Tisch, und damit wird deutlich seine neue Stellung klar: auf Augenhöhe mit seiner Herrschaft und Hundeliebe ohne Grenzen.

DER DACKEL, EIN FUTURIST ODER EIN REAKTIONÄR?

Wer je einen Dackel im gestreckten Galopp ein Ziel verfolgen sah, weiß, dass der Wirbel der kleinen Beine wie die stampfenden Schaufelräder eines Mississippi-Dampfers wirken. Der Name »Niederlaufhunde« ist hier Programm: Die unglaublich kräftigen, aber kurzen Beinchen können sich perfekt auch durch lockeres und unwegsa-

FASZINATION BEWEGUNGSAB- LÄUFE: DER FUTURIST GIACOMO BALLA (OBEN) LIESS SICH VON EAD- WEARD MUYBRIDGES FOTOSERIEN ZU SEINER BERÜHMTEN DACKEL-STUDIE INSPIRIEREN.

mes Gebiet arbeiten, und das für Stunden. Der Dackel wurde das Idealbild einer Kraftmaschine. Nachdem der Fotograf Eadweard Muybridge (1830–1904) minutziös – in Tausendstel-Sekundenabständen fotografiert – die Bewegungsabläufe beim Pferd eingefangen hatte, hatten die Futuristen ihr Ideal gefunden: die Sichtbarmachung der Bewegung, das Vorwärts. Der Futurist Giacomo Balla (1871–1958) war nicht nur von der Bewegung fasziniert, sondern fand auch im Dackel das Idealmodell für das physikalische Phänomen. Fächerartig ausgebreitet zerlegte Balla die Motorik des Dachhundes, und bei der ersten Ausstellung der Futuristen 1913 in Rom nannte ein Kritiker das Werk »einen Film über einen Dachshund, der wackelt«. Künstlerisch traute man also ab dem 20. Jahrhundert dem kleinen Erdhund mehr zu als bloße Niedlichkeit, regionale Putzigkeit und Schalk. Die Liebe zum Dackel griff auch auf Amerika über, und das Künstlerpaar Margret und Hans Augusto Rey (1898–1977), Exildeutsche, schrieben ein bis heute verlegtes

Bilderbuch: »Brezel, der Dackel der nicht aufhören wollte zu wachsen«.

Ebenso Munroe Leaf (1905–1976), Autor des pazifistischen Bestsellers »Ferdinand, der kleine Stier« widmete sich 1935 mit »Noodle« der köstlichen Physis des Dackels. Gleichzeitig geriet der Dackel in der deutschen Presse zunehmend ins Aus. Als Hund der Spießer und Erzkonservativen wurde er in der Satirezeitschrift »Simplizissimus« karikiert. Mit dem Dackel nahm man symbolisch die braune Gefahr vorweg und stempelte den kleinen Freigeist zu einem engstirnigen »Wadlbeißer«. Gefahrenpotenzial im niedlichen Gewand. Ein Vorwurf, von dem sich der kleine unschuldige Dackel erst einmal erholen musste.

Bewunderung und Spott – das sind die beiden Merkmale, die der Dackel in sich vereinte, bevor er in den Wirren des Zweiten Weltkriegs kurzzeitig in Vergessenheit geriet. Doch er erholte sich rasch vom schlechten Ruf. Unwiderstehlich charmant spielte er sich in den 1950er-Jahren weltweit in die Herzen und läutete auch künstle-risch eine neue Ära ein: Er wurde erneut Muse, schließlich inspirierte er einen der größten Künstler der Welt: Pablo Picasso (1881–1973).

DER DACKEL ALS ALTER EGO

Picasso kam auf den Dackel, als ihn sein guter Freund, der Fotograf David Douglas Duncan, in seinem südfranzösischen Refugium La Californie bei Cannes besuchte. Mit dabei Lump, ein kleiner Glatthaardackeljunge, der dem berühmten Fotografen ein treuer Begleiter war, jedoch machten ihm der Zweithund, ein eifersüchtiger Afghane, und das Nomadenleben zu schaffen. Nach kaum einem halben Tag in Picassos Haus und Familie hatte Lump das Paradies gefunden und das Herz des Malergenies erobert. Er blieb und durfte fortan bei Tisch sitzen, behauptete sich gegen den kräftigen Boxerhund Yan und begleitete Picasso mit ins Atelier, ein Privileg. Picasso setzte dem kleinen neuen Hausgenos-

PICASSO & LUMP

A Dachshund's Odyssey

David Douglas Duncan

FÜR PICASSO WAR LUMP EINE ART ALTER EGO. NUR WENIGE WOCHEN NACH LUMPS TOD STARB DER WELTBERÜHMTE MALER.

O BEN: POP-ART-LEGENDE ANDY WARHOL WAR VER-
NARRT IN SEINEN DACKEL ARCHIE.

R ECHTS: DAVID HOCKNEY VEREWIGTE SEINE BEIDEN
DACKEL IN IHRER UMGEBUNG, IN IHREM TAGES-
RHYTHMUS UND SCHUF EINES DER EINDRUCKSVOLLSTEN
KÜNSTLERISCHEN GESAMTWERKE ZUM DACKEL.

sen am Tag seiner Ankunft ein Denkmal und malte ihm einen Teller mit Dackelmotiv. Später verewigte Picasso den Charakterhund in 54 Dackel-Zeichnungen. Den Zyklus schenkte der Künstler seiner Heimatstadt Barcelona, wo er heute im Picasso-Museum hängt. Lump lebte bis zu seinem Tod bei Picasso und inspirierte ihn immer wieder. Der kleine Lebensfreund ging 1973, mit stolzen 17 Jahren, in den Hundehimmel. Nur wenige Monate später starb Picasso.

Eine fast vermenschlichte Liebesbeziehung zu seinen Dackeln hatte der Pop-Art-Künstler Andy Warhol (1928–1987). Sein erster Kurzhaardackel Archie wurde zum Alter Ego. Bei Interviews beriet Warhol sich mit Archie, der so gut wie immer auf seinem Arm saß. Warhol fuhr nicht mehr nach London, denn er hätte Archie in Quarantäne geben müssen. Das alles »normalisierte« sich erst, als Dackelchen Amos ins Haus kam und ein normales Hundeverhalten vorlebte. Warhol sublimierte den »Verlust« seines Seelendackels, indem er seine berühmten Siebdrucke mit Archies Konterfei in Serie brachte.

Eine wahre Hommage an den Dackel kreierte der britische Maler David Hockney (geb. 1937). »David Hockney's Dog Days« ist so etwas wie die Bibel eines jeden Dackelkunstliebhabers. An dem Zyklus seiner Dackelporträts arbeitete er von 1993 bis 1995 und ließ dabei seinen Modellen Stanley und Boogie alle Freiheiten. Er drapierte ihre Sitzkissen überall auf dem Boden. Lief ihnen mit dem Skizzenblock nach, um sie nicht nur schlafend malen zu können, und fing dabei unaufdringlich die wahren Dackelposen ein. Der daraus resultierende Zyklus in Gelb, Hellblau und Braun stellt nicht nur ein sehr persönliches, sondern auch aufschlussreiches Werk zum Dackel-Behaviour dar.

Dann wurde es still um den Dackel, zumindest in der hohen Kunst. Er wurde kommerziell.

DER DACKEL IN DER WERBUNG

Vor 40 Jahren warb eine Stadt um die Olympischen Spiele mit nichts Geringerem als einem Dackel. Vor 100 Jahren gab es Weinplakate mit Dackelmotiv und heute wirbt die Firma Faber Castell mit einer Buntstiftstummel-Dackel-Mimikry. Immer wieder ist die kuriose Form des Dackelleibs der Anlass, ihn für die Werbung einzusetzen. Doch nicht nur seine Physis prädestiniert ihn als Werbeikone, auch sein Wesen. Der Dackel ist Sympathieträger auch für Nicht-Hundemenschen und er taugt zum Kommunikator. Diese Affinität zum Dackel als PR-Spezialist beschränkt sich nicht nur auf Deutschland. In Italien gibt es einen Dackelwein, Saalfelden warb für sein Jazz-Festival mit einem Dackel, die italienische Coop-Gruppe positioniert sich mit Dackel. Eigenwillig und charmant, nicht perfekt und doch elegant – der Dackel vereint vieles, was in der Werbung erwünscht ist.

Kein anderer wusste den Dackel allerdings so präzise einzusetzen wie der große Designer Otl Aicher, der 1972 der Olympiastadt München nicht nur zu einem neuen Look, sondern auch zu einem Maskottchen verhalf: Waldi, der Olympiadackel, kam nicht nur in den damals trendigen Farben Orange, Gelb, Grün, Hellblau daher, sondern verkörperte auch den Groove von München. Selten war ein Sportmaskottchen so stylish und so perfekt gebrandet wie der damals in Plastik, Plüsch und Gummi gefertigte Olympiadackel. Eine Design-Ikone, die bis heute unter Sammlern Höchstpreise erzielt und dem Dackel zu einem neuen, modernen Image verhalf. Vergessen der süßliche Muff der 1950er-Jahre, als man den Teckel für den Heimatfilm entdeckte. Der Dackel wurde entstaubt und wieder salonfähig. Ein unglaublicher Dackelboom begann mit all den Nebenwirkungen der Überzüchtung und Fehleinschätzung vieler Neudackelbesitzer. Denn ein lebendiger Dackel tickt doch ganz anders als ein Dackel aus Stoff.

IMMER SCHON LIESS SICH MIT DEM DACKEL GUT WERBEN, WIE Z. B. FÜR JAZZ. DOCH DER MÜNCHNER OLYMPIADACKEL WALDI STELLTE ALLES IN DEN SCHATTEN. ALS ER, VON OTL AICHER KREIERT, 1972 IN VIELEN MERCHANDISING-ARTIKELN ANGEBOTEN WURDE, BRACH ER ALLE VERKAUFSREKORDE. VERMUTLICH WEIL ER VIELES IN SICH VEREINEN KONNTE: DAS MÜNCHNERISCHE, DEN STYLE DER ZEIT UND EINE STROMLINIENFÖRMIGE COOLNESS, DIE DAS UNPERFEKTE ZULÄSST.

DER DACKEL IN DER LITERATUR

DER POETISCHE BLICK

Schriftsteller, die ja bekanntlich viel Zeit allein mit ihrem Schreibgerät verbringen, sind ganz besonders hundeanfällig. Die Ruhe, die ein schnorchelnder Vierbeiner unter dem Schreibtisch verströmt, der hellwache Blick, wenn sich Schreibpausen andeuten, das unendliche Verständnis für vorgebrachte Schreibblockaden, schlechte Kritiken und nervende Verleger, die Unnachgiebigkeit, bei Wind und Wetter das stubenhockende Autorenherrchen oder -frauchen vor die Tür zu hetzen – all das macht Hunde zu idealen Literatur-Compañeros. Der Dackel macht nicht nur keine Ausnahme, er ist geradezu die Idealbesetzung. Denn einen Dackel zu haben ist ein Statement. Und seine

Unabhängigkeit macht auch für sehr individuelle Persönlichkeiten das Zusammenleben erträglich. Noch dazu müffeln Dackel nur bei schwerem Regen – ein nicht unerheblicher Vorzug für ein Tier, das als Muse arbeitet und fußnah seine Aufgabe erfüllt. Dass erklärte Dackel-Victims deshalb häufig unter Schriftstellern zu finden sind, verwundert nicht.

Ein Vielschreiber mit echtem Dackel-Knall war P. G. Wodehouse (1881–1975), der elegant spöttische Romancier, der seit 1902 die britische Upperclass in nicht weniger als 96 gesellschaftlichen Abenteuern porträtierte und es sich nicht nehmen ließ, immer wieder Dackel in sein Setting einfließen zu lassen. Sätze wie

»Man mag von Dackeln halten, was man will, aber aufgrund ihrer sonderbaren Form stolpert es sich über keine Hunderasse leichter« oder »Für Phillis ist Wilbert Cream der Mann, der ihren Dackel vor einem nassen Grab bewahrt hat« krönen ihn zum absoluten Dackel-Connaisseur. Mit seinem eigenen Dackel Bertie verband den von Freunden »Plum« genannte Autor in den letzten Lebensdekaden eine enge Freundschaft, angeblich soll ihn der recht stattliche Kurzhaardackel zu »Jeeves«, einer seiner Hauptfiguren, inspiriert haben.

Unbestätigten Aussagen zufolge ließ sich auch Simone de Beauvoir (1908–1986) von ihren Dackeln zu philosophischen Ansichten anstiften, genauso wie der Philosoph Michel Fou-

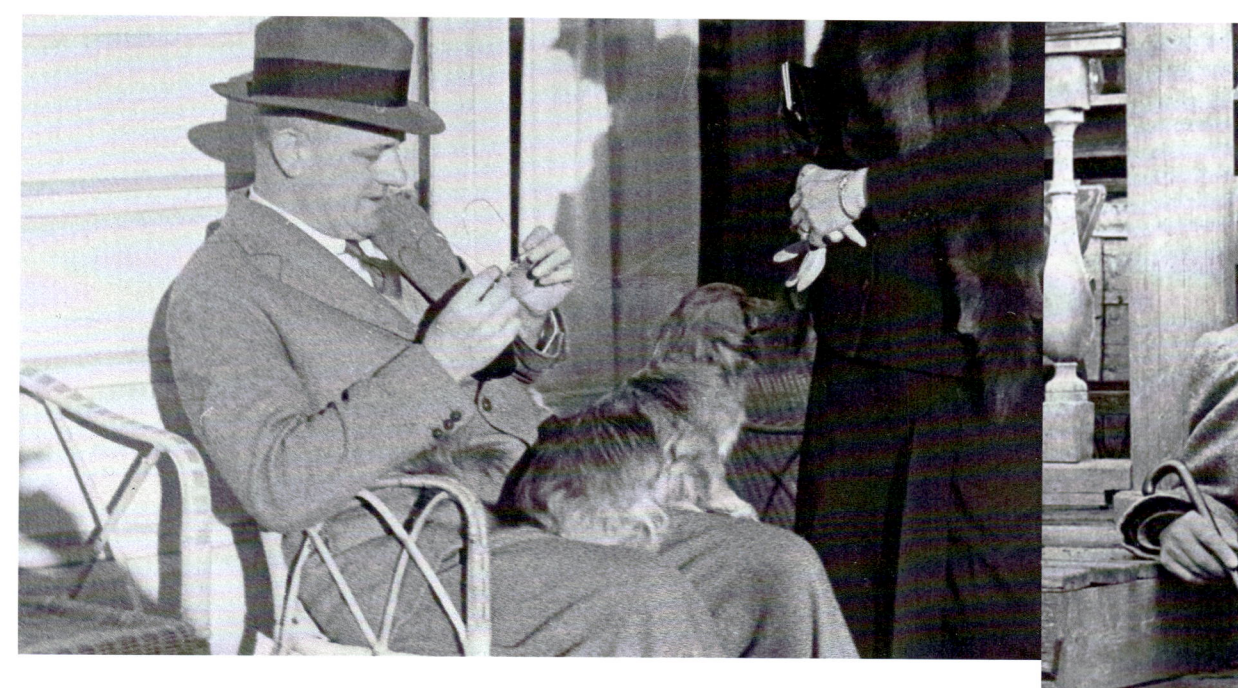

L INKE SEITE: AUCH GROSSE REGISSEURE WIE ORSON WELLES BEKANNTEN SICH ZUM KLEINEN DACKEL.

O BEN: DER PRODUKTIVE GESELLSCHAFTSROMANCIER P.G. WODEHOUSE LIESS IN SEINEN NAHEZU 100 RO- MANEN GERNE DACKEL ALS »SZENENRETTER« MITSPIELEN.

R ECHTS: ANTON TSCHECHOW LIEBTE DACKEL ALS JAGD- UND ALS HAUSHUND. HEUTE NOCH WERDEN IHM ZU EHREN IN RUSSLAND AUSGIEBIGE DACKELPARTIES GEFEIERT.

cault. Doch da bleibt vieles im spekulativen Bereich, auch wenn Dackelliebhaber die Rasse gerne als Spiritus Rector sehen, gerade wenn es um tiefgründige Philosophie geht.

RUSSLANDS DACKEL

Welch unschätzbaren Wert Dackel für ihr Seelenheil hatten, wussten vor allem die Schriftsteller Russlands des ausgehenden 19. und angehenden 20. Jahrhunderts, allen voran Anton Tschechow, Vladimir Nabokov und Alexander Block. Dazu muss man wissen, dass der Dackel in Russland eine durchaus politische Karriere hingelegt hatte. Im 18. Jahrhundert waren die deutsch-russischen Beziehungen enger denn je – Zar Peter I. ließ seinen Staat nach westeuropäischem Muster umbauen, dazu gehörte auch der Ausbau der Landwirtschaft. Deutsche Bauern wurden umgesiedelt, und die brachten kleine, niederläufige Hunde mit, die den leiden-

schaftlich gern jagenden Hochadel Russlands begeisterten. Der Dackel wurde zur Chefsache: In Russlands Zarenpalästen wurde der Dackel hoffähig und das nicht nur als Jagdbegleiter, sondern auch als Begleithund der Frauen. Zarin Anna Iwanowna, eine Nichte Peters I., ließ 1740 anlässlich einer Großjagd 34 Dackelpaare in Paris kaufen. Im 1861 erschienenen Wörterbuch der modernen russischen Sprache »Dal« wird er als »Barsutschka« bezeichnet, was für »kleiner, klumpfüßiger, großköpfiger, bissiger Hund« steht. Der Dackel wurde also in Adelskreisen ein Bekenntnis zur Exotik und die Liebhaber kauften besonders »hässliche« Exemplare in ganz Europa ein.

Schon bald wurden die Intellektuellen auf die Besonderheiten des Dackels aufmerksam. Anton Pawlowitsch Tschechow (1860–1904) war sicher einer der größten Hundeliebhaber unter den Schriftstellern. Stets umgaben ihn viele Vierbeiner. Als er den Herausgeber der »Petersburger

Zeitung« besuchte, lernte er die Rasse kennen und war auf der Stelle verliebt in die »witzigen Hunde mit dem bezaubernden Verstand«. Alsbald zogen die beiden Dackelwelpen Hina Markowna und Brom Isajewitsch bei Tschechows ein – die Schwester des Künstlers hatte die beiden reinrassigen Tierchen in St. Petersburg bestellt. Über die zahllosen Nachkommen der beiden gibt es ausführliche Briefe Tschechows, der mit seinem Dackel-Knall seinen gesamten Freundeskreis literarisch beglückte. Tschechow, selbst begeisterter Jäger, nahm seine Dachshunde selbstverständlich zur Jagd mit und missionierte alles, was nicht bei drei auf den Bäumen war, mit seiner Dackelleidenschaft.

Tschechows Dackel sind in Russland literarisches Nationalheiligtum und im Jahre 2006 fand im Tschechow-Gedenkmuseum bei Moskau ein gesamtrussisches Dackel-Festival mit mehreren hundert Dackeln statt. Höher kann der literarische Glorienschein über Dackelschädeln nicht hängen.

Der russisch-amerikanische Autor Vladimir Nabokov (1899–1977) wuchs mit Dackeln auf. Seine Mutter war vernarrt in die kleinen braunen »Eisenbahnzüge« und Nabokov selbst nahm einen von Tschechows Dackelenkeln mit ins Exil. Alexander Block (1880–1921), Vertreter des silbernen Zeitalters in der russischen Literatur, hegte zeit seines kurzen Lebens ein inniges Verhältnis zu seinen beiden Dackeln, die er »Krabben« nannte, wegen ihrer kuriosen Art, sich zu bewegen.

Die nächste große Ära der Dackelliteratur schwappte in den 1950er-Jahren über Deutschland hinweg: Hans Gruhls »Liebe auf krummen Beinen« setzte 1958 zum ersten Mal den Dackel als Kuppler ein, und das Ganze in Ich-Form geschrieben. Das Buch wird bis heute in unzähligen Auflagen und mit immer »süßer« blickenden Dackeln aufgelegt. Gleiches Setting, dieselbe Erzählebene bescherte Frauke Scheunemanns »Dackelblick« einen Mega-Erfolg – allein die Titelwahl wird viele Leser angezogen haben.

DER DACKEL IM KINDERBUCH

Es gibt sie auch dort, die Dackelklassiker in der Kinderliteratur. Wie »Der Dackel Haidjer« von Bruno Nelissen Haker, einem Hamburger Schriftsteller (1901–1972) mit starker Dackelleidenschaft. Sein 1936 verfasstes mehrbändiges Epos zu Herrn Schmidt und seinem Vierbeiner ist eine Erfolgsgeschichte und die Gesamtauflage geht in die Hunderttausende. Heute kommen Stil und Sujet etwas mühsam antiquarisch daher. Ähnlich wie bei Wilhelm Matthießens »Dackel Meier«, erschienen 1930. Matthießen (1891–1965) gehörte neben Erich Kästner in den 1930er-Jahren zu den meist gelesenen Kinderbuchautoren. Ausgesprochen antisemitisch geprägte Schriften machten ihn nach dem Zweiten Weltkrieg zu einem umstrittenen Autor, trotzdem hielt sich »Herr Dackel, genannt Meier« auf den Klassikerlisten der Kinderbuchliteratur. Und wie sehr der Wiener Dog wieder in der Kinderbuchliteratur reüssiert, sieht man an zahlreichen Neuerscheinungen in den letzten Jahren. Susanne Straßers »Dackel Franz sucht seinen Schwanz« und Franzobels »Drei-Dackel-Phantastasia«, »Wenn mein Dackel Flügel hätte« von Erwin Grosche und Karsten Teich, Heinz Janischs Detektivdackel »Herr Jaromir« – sie alle haben den Dackel in Wort und Bild wiederentdeckt.

DER DACKEL, EIN HIPSTER?

BERÜHMTE MENSCHEN UND IHR DACKEL

Berühmte Menschen mit Hunden gibt es viele. Gerade Showbiz, Jet-set und große Öffentlichkeit machen sehnsüchtig nach wahrer, bedingungsloser Treue eines Geschöpfs, dem es herzlich egal ist, ob in der Zeitung mal wieder unvorteilhafte Fotos zu sehen sind oder Kritiker vom Leder gezogen haben. Hunde sind Kraftquellen und meditative Institutionen. Der Dackel ist noch etwas: Er ist Statussymbol. Und zwar für eine Haltung, die von der Bandbreite her zwischen gänzlicher Freigeistigkeit und Selbstironie, clownesker Attitüde und unbändiger Genialität steht. Von der formalen Einzigartigkeit einmal abgesehen, die gepaart mit Wesenszauber darstellende Künstler inspiriert oder

Schriftstellern zur nötigen Muße verholfen hat, haben Dackel einen nicht unerheblichen Teil dazu beigetragen, wie Promis in der Öffentlichkeit gesehen werden wollen.

Sich mit Dackel ablichten zu lassen ist immer ein Bekenntnis und zeugt von Selbstbewusstsein. Denn das hipste Outfit, die eleganteste Erscheinung, das markigste Auftreten bekommen einen zart schmelzenden Knick, der echte PR-Pluspunkte einbringt. Supermodels wie Agyness Deyn und Heidi Klum wirken noch perfekter in Begleitung eines kleinen Sausage Dog. Jürgen Drews, der König von Mallorca, der seit seinem Dauerbrenner »Ein Bett im Kornfeld« für so manchen Schunkler gut ist, zeigt eine innige Liebe

zu seinem Dackelmädchen Finchen. Kein Spot, kein Interview, kein Auftritt ohne Finchen, das die Öffentlichkeit mit einem stoischen Gesichtsausdruck zur Kenntnis nimmt. Nicht mehr und auch nicht weniger.

Bettina Boettinger, die bekannte NDR-Moderatorin mit den oft unbequemen Fragen, möchte die Herzlichkeit und Zugewandtheit eines Dackels im stressigen TV-Alltag nicht missen und hat nach dem Dahinscheiden ihres 16 Jahre alten Dackels schon weniger Monate später eine jungen Nachfolger ins Haus geholt.

Ingrid Steeger, Komikerin aus den 1970er- und 1980er-Jahren hätte ohne Dackel die Höhen und Tiefen des Rampenlichts wohl weniger gut weggesteckt. Und Peter Sodan, Tatort-Kommis-

sar mit Polit-Egagement und Dackel Bruno, kommentiert seinen Dackel-Knall so: »Da für mich Denken ein Stück Freiheit ist, versuche ich bei Anarcho Bruno nicht jede Regel durchzusetzen.«

OBEN: IM DÄNISCHEN KÖNIGS-HAUS GIBT NEBEN KÖNIGIN MARGARETE VOR ALLEM DIE DACKEL-MEUTE DEN TON AN: PRINZ HENRIK BEKENNT SICH GERNE AUCH LYRISCH ZU SEINEN KRUMMBEINEN.

UNTEN: AUCH BEI JUNGEN KÜNSTLERN WIE ADELE SCHAF-FEN ES DACKEL IN DIE ERSTE REIHE.

LINKS: TATSÄCHLICH GEHÖREN DACKEL HEUTE FÜR VIELE MEN-SCHEN ZUM LEBENSGEFÜHL.

Witz, das wussten die klugen Stars aus Hollywood und Babelsberg, sind zwei unschlagbare Charmefaktoren — wenn sie sich mit ihren Lieblingen ablichten ließen. Ob sie nun Lil Dagover hießen oder Doris Day, Carole Lombard oder Elizabeth Taylor — Dackel gaben den perfekt gestylten Frauen eine Hauch von Bodenständigkeit.

Übrigens: Was für die Filmdamen zutrifft, macht auch männliche Filmhelden attraktiv: Pierre Brice, als Winnetou Mädchenschwarm vieler Generationen, konnte mit seiner Dackeline Undine den schmachtenden Blick um die Wette üben. Ja, vielleicht trifft es das am besten: Der Dackelblick gibt dem eigenen Schmelz noch die nötige Tiefe.

LIEBLING DES ADELS

Prinz Wolfgang von Bayern ist nicht nur der Nachfahre des letzten bayerischen Wittels-

DACKEL HATTEN UND HABEN NOCH DEN GEWISSEN ARISTO-SCHICK! LINKS: K. U. K.-ADEL IM FILM – ROMY SCHNEIDER ALS KAISERIN SISI, HIER MIT IHRER MUTTER MAGDA SCHNEIDER.

RECHTS: ECHTER K. U. K.-ADEL, DIE ERZHERZOGIN MARIA IMMA-KULATA

LA BELLE ET LA BÊTE

Aber auch schon die schönen Schauspielerinnen der 1930er- bis 1950er-Jahre hatten ein Faible für den krummbeinigen Begleiter. Die klassische Unnahbarkeit der Diven führten die kleinen Erdhunde ad absurdum und bezeugten dem Frauchen Sinn für Humor. Schönheit und

bacher-Königs Ludwig III., sondern auch Dackel-Liebhaber. Sein Vater Rasso von Bayern betreibt am Starnberger See seit 55 Jahren eine Kurzhaardackelzucht. Adel und Dackel gehören zusammen, bei den Wittelsbachern hat der Dackel Tradition und auch Vorzeige-Wittelsbacherin Sisi, die spätere Kaiserin von Österreich, wuchs mit Dackeln auf.

Der aristokratische Dackel-Knall kommt nicht von ungefähr. Die Jagd gehört zum Adel wie das Bier zu Bayern. Kommen nun Bayern, Bier und Adel zusammen, ist der kleine Erdhund nicht mehr weit und macht mit seinem unfreiwillig blasierten Gesichtsausdruck »bella figura« auf der Pirsch und im Palais.

Auch im dänischen Königshaus kommt erst »der Dackel« und dann lange nichts. Kronprinz Henrik von Dänemark ist nicht nur Vorsitzender des dänischen Kennel-Clubs, sondern auch leidenschaftlicher Dackelbesitzer. Mehrere Dackel wuseln immer am Dänischen Hof, allen voran Dackellady Evita, die schon mal wegen

DIE US-AMERIKANISCHE SCHAUSPIELERIN CAROL LOMBARD (1908–1942) WAR 1936 DIE HÖCHST BEZAHLTE HOLLYWOOD-SCHAUSPIELERIN. IHRE LIEBE ZU VIERBEINERN, INSBESONDERE DACKELN, WAR LEGENDÄR. MIT NUR 33 JAHREN STARB DIE TIERFREUNDIN BEI EINEM FLUGZEUGABSTURZ.

Schnappens von Leibgardisten zum Politikum wurde. In Gedichten hat Prinz Henrik seine zierliche Kratzbürste unsterblich gemacht. Auch die Queen, sonst eher den Welsh Corgi Cardigans zugetan, hält sich immer auch Dackel. Wahrscheinlich nicht ohne Grund: Beide Hunderassen sind kurzbeinige, fleißige und überaus liebenswerte Sturköpfe mit einer langen Historie. Vielleicht sind die Corgis die Dackel der Waliser, wo sie schon seit dem Mittelalter als Hütehunde gehalten werden, wer weiß? Die Seelenverwandtschaft der beiden kurzen Rassen ist auf alle Fälle royaltauglich.

Kaiser Wilhelm II. (1851–1941) errichtete seinem Dackel Erdmann im Bergpark Wilhelmshöhe in Kassel ein Denkmal mit der Aufschrift »Andenken an meinen treuen Dachshund Erdmann/1890-1901/W.II.« Seine Tochter Viktoria Louise war in Dackel vernarrt und ließ sich auch mit ihnen ablichten und die Ergebnisse zu Postkarten verarbeiten, die bis heute Sammlerwert haben.

Fotogen sind fast alle Dackel und dabei so handlich, dass sie die Bildspannung nicht zerstören. Außerdem kann kein Hund arroganter und dabei gütiger schauen. Und keine andere Rasse ist so von sich überzeugt wie der Dackel – als würde ihm der Wald und das Land gehören wie in den aristokratischen Zeiten vor 1800. Seit die »Landlust« zu einem neu entdeckten Lebensmotto wurde, gehört ein rustikales Accessoire genauso dazu wie ein Hauch Landadel: Wer, wenn nicht der Dackel, könnte diese Rolle ausfüllen?

Vor solch stilsicheren Statisten ist auch der heutige Adel nicht gefeit. In letzter Zeit sieht man in der Yellow Press immer öfter Caroline von Monaco mit zwei kurzhaarigen Zwergdackeln auf dem Arm. Dass die beiden noch ein wenig unnahbarer gucken als ihr Frauchen, mag am Dackelzinken liegen, der fein gebogenen Dackelschnauze, die bei Kurzhaardackeln besonders gut zur Geltung kommt. Und mal ganz ehrlich: Was gibt es Eleganteres als ein rehbraunes Fellkleidchen, das sich adrett jeder Hautfalte anschmiegt und so jede Designerrobe unnachahmlich adelt?

DER DACKEL IST EINE WELTANSCHAUUNG

Ob Adel oder nicht, Künstler oder nicht, mit einem Dackel kann man der Welt zeigen, dass klassische Schönheit nicht alles ist und Charakter ganz viel. Ein Dackel erfüllt seine Rolle als Urbanist so gut wie als Country Dog. Er passt sich an, ohne sich anzupassen. Er punktet mit mutigem Auftritt, der in Wahrheit hohe Sensibilität verbirgt. Und er kann zwischen buddhistischer Ruhe und Rampensau ziemlich viele Facetten zeigen. Wer sich einen Dackel zulegt, wird bald merken, dass er mit diesem Hund ein Bekenntnis ablegt: Ja, ich hab einen Dackel-Knall und befinde mich damit in bester Gesellschaft!

ANFANG DES 20. JAHRHUNDERTS WAR DER DACKEL DER HUND DES ADELS UND DER INTELLEKTUELLEN. KURT ARAM (1869–1934), REDKTEUR BEIM BERLINER TAGBLATT UND AUTOR.

DIE AUFNAHME UNTEN AUS DEM JAHR 1936 ZEIGT DEN GENERALSEKRETÄR DER VEREINIGUNG DER JÜDISCHEN KULTURBÜNDE WALTER UND SEINE FRAU RUTH ABELSDORF IN IHRER BERLINER WOHNUNG. BESONDERS IN JÜDISCHEN FAMILIEN WAR DER DACKEL EIN BELIEBTER FAMILIENHUND. 1942 WURDE DAS VERBOT DER HAUSTIERHALTUNG FÜR JUDEN ERLASSEN.

Schlusswort

Als 1966 die Walt-Disney-Komödie »The Ugly Dachshund« herauskam, war die Geschichte bereits fast 30 Jahre alt und erdacht von der Schriftstellerin und Drehbuchschreiberin Gladys Bronwyn Stern, allerdings gar nicht so sehr als seifenkomödiantische Screwball-Geschichte, sondern als Fabel mit kynischen Hauptdarstellern. Allen voran Dogge Brutus, die in einer Dackelmeute aufwächst und sich selbst für klein, wieselflink und krummbeinig hält, bis ihr in einer Hundeshow eine adäquate Hundedame begegnet. Man mag über Albernheiten im Plot denken, was man mag, aber die leichte Komödie zeigt ein schönes Bild, welchen Einfluss Dackel haben können. Tatsächlich halten sie sich nicht nur selbst für die Könige des Tierreichs, sondern bringen auch andere zu völlig falscher Selbsteinschätzung.

Menschen mit dem Dackel-Knall können über diese Hybris nur lachen, denn längst wissen sie um die Schelmenqualitäten ihrer Krummbeine.

Genau um den Posten als Hofnarren geht es, wenn Menschen sich einen Dackel zulegen. Nicht selten werden erwiesenermaßen Künstler von dem Dackelfieber befallen. Nicht nur, dass diese reizenden Wesen Leben in die ansonsten stille Künstlerklause bringen, sie haben auch einen solch eigenen Kopf, dass sich der Genius an ihnen reiben kann. Der Dackel als Projektionsfläche und Widerpart, der Dackel als Sparringspartner für Gefühle und Humorlieferant, der Dackel als handliche Ausgabe eines persönlichen Hofschauspielers, der den Alltag so gut wie nie langweilig werden lässt. Nicht zu vergessen die Eleganz und dabei Drolligkeit seiner Erscheinung, das »G'schau«, wie man in Bayern sagt, und die Fähigkeit, ein Mienenspiel zu entwickeln, das jedem antiken Tragödiendarsteller alle Ehre macht. Andere Hunde hält man sich, einen Dackel darf man begleiten. Man kann schnell mit ihm Freund werden, aber man kann sich auch seine bittere Abneigung einhandeln und die ist nur schwer wieder rückgängig zu machen.

Dackelbesitzer gibt es in allen Schichten der Bevölkerung, in allen Ländern der Welt. Sogar auf Hawaii, in Sibirien und Afrika. Dackelliebhaber sind männlich, weiblich, jung, alt, dick oder gertenschlank. Sie lieben Tracht ebenso wie Designer-Outfit, sind stinknormal oder elitär verschroben. Leben in Herrenhäusern oder in Ein-Zimmer-Klausen, Schrebergärten oder Schlössern. Für den Dackelbesitzer gibt es keine Schablone, außer dem kleinsten gemeinsamen Nenner mit vier kurzen Füßen.

Dackel sind Stimmungsaufheller ohne Nebenwirkungen, wenn man vom Dackel-Knall einmal absieht, der jeden befällt, der je einen Dackel als Hausgenossen hatte. Kaum ein Hund ist so oft in die Literatur eingegangen, keine Hunderasse polarisiert so stark zwischen jagdeifrigem Arbeitshund und künstlerischer Muse. Kein Hund weist ein größeres Temperamentsspektrum auf als der Dackel: von hyperaktiv bis zum gechillten Phlegma kann alles darunter sein, und das bei ein und demselben Exemplar!

Wer so groß denkt, dass er dem kleinen Hund wahre Wunder zutraut, wird heftig belohnt: mit unendlicher Liebe, dem treuesten Blick aller Zeiten und einer Aufmerksamkeit im öffentlichen Leben, wie kaum ein anderer Hund sie hervorruft.

Der Dackel ist lebendes Design, moderner Urbanist, eine rustikale Saftwurzel und somit das hündische Synonym für Sehnsucht nach dem Landleben, ohne aufs Land ziehen zu müssen. Der kleine Erdhund befriedigt unabsichtlich den großen, wohl in vielen Menschen schlummernden Wunsch nach Geborgenheit, auch wenn er dabei recht ungemütlich werden kann, wenn es um die Verteidigung der Gemütlichkeit geht. Der Dackel ist ein Widerspruch in sich: liebenswert, trottelig, ängstlich und bärenstark-kühn. Er kann bellen, als gelte es, die Konferenz der Tiere einzuläuten, er kann aber auch leise die Schnauze in die menschliche Hand bohren, wenn er ahnt, dass dieser Trost jetzt dringend notwendig ist. Der Dackel ist ernst bei der Ar-

beit und ausgelassen wie ein Partybär, wenn's um die Geselligkeit geht, doch gnadenlos wachsam, wenn das Familienheil in Gefahr ist. Vielleicht sind es all diese Fell gewordenen Widersprüche und Fähigkeiten, die uns am Dackel so faszinieren. Denn er ist uns ähnlich und hält uns charmant den Spiegel vor.

Christine Paxmann mit
Dackelsenior Bruno
Juli 2012

LITERATUR, ADRESSEN, BLOGS

LITERATUR

Bauer, E. F.: Dackel – Jagdhund mit Herz, Wien 2008

Billeter, Erika: Hunde und ihre Maler, Bern 2005

Blount, Roy Jr./Shaff, Valerie: If only you knew how much I smell you. True portraits of dogs, Toronto 1998

Christen, Jürgen: Schriftsteller und ihre Hunde. Musen auf vier Pfoten. Berlin 2008

Dawnay, Denys: The house of Tekelden, London 2005

Doehring, Annette: Dackel: Kleiner Hund mit großem Herz, Schwarzenbek 2011

Dratfield, Jim: Day of the Dachshund, New York 2004

Duncan, Douglas David: Picasso & Lump. A Dachshund's Odyssey, New York 2006

Edition Martin Gold: Der literarische Hundekalender, Frankfurt am Main

Fiedelmeier, Leni: Dackel, München, 1993

Franken, Lia: Kleine Bettlektüre für alle, deren Herz für einen Hund schlägt, Bern 2001

Gruhl, Hans: Liebe auf krummen Beinen, Reinbek 2005

Hockney, David: Dog Days, London 1998

Janisch, Heinz: Herr Jaromir und die gestohlenen Juwelen, Berlin 2011

Klever, Ulrich/Seybold, Katharina: Hunde, München 2005

Krebs, Herbert: Vor und nach der Jägerprüfung, München 2005

Leaf, Munro/Bemelmans, Ludwig: Noodle, New York 2006

Magestro, Jack: Redstripe and other Dachshund Tales, Indiana 2003

Matthiessen, Wilhelm/Gelbhaar, Klaus (Illu.): Meier der Dackel, Lengerich

McConnell, Patricia B.: Das andere Ende der Leine, München 2004

Meier-Jaeger, Dora (Hg): Hundegeschichten, München 1994

Muromzewa, Maria: Der deutsche Dackel in Russland, 2011

Nelissen-Haken, Bruno: Dackel Haidjer. Wien 1992

Nelissen-Haken, Bruno/Busack, Walther: Unsere lieben Dackel, Frankfurt am Main 1976

Nowak, Maike Maja: Wanja und die wilden Hunde, München 2012

Osterwalder, Robert und Sylvie: Der Dachshund. Die 50 wichtigsten Fragen, von Experten beantwortet, Zürich 2003

Paxmann, Christine: Dackel, die besten Freunde der Welt, München 2011

Ransleben, Wolfgang, Unser Hund der Teckel, Dackel, Dachshund, Nerdlen/Daun 2008

Rey, Margret und H. A.: Brezel, Zürich 2007

Schatz, Eva/Strasser, Susanne: Der Dackel Franz sucht seinen Schwanz, St. Pölten 2009

Scheunemann, Frauke: Dackelblick, München 2011

Schmidt-Röger, Heike: Dackel, Stuttgart, 2012

Schmitt, Annette: Dackel, Stuttgart 2011

Tucci, Paola: Dackel, Rastatt 1991

Ullmann, Hans-Jochen: Typisch Dackel, Zürich 1975

Winter, Thorsten: Dackel, Stuttgart 2001

Wodehouse, P. G.: Wo bleibt Jeeves, Frankfurt a. M, 2009

BLOGS

www.petrahartl.at
www.readingandart.blogspot.com
www.dachshundlove.blogspot.de
www.hockneypictures.com
www.dackelblick.wordpress.com

ADRESSEN

Verband für das Deutsche Hundewesen (VDH)
www.vdh.de

Deutscher Teckelklub 1888 e.V.
www.dtk1888.de

Jagdlicher Dachshundklub Bayern e.V.
www.verein-fuer-jagdteckel.de

Dachshundklubs Württemberg und
Hohenzollern 1895 e.V.
www.dachshundklub.de

Badischen Dachshundclubs 1922 e.V
www.badischer-dachshund.de

Niedersächsischer Teckelklub e.V.
www.teckelwelpen.de

Sächsischer Teckelklub e.V.
www.sachsenteckel.de

Bayerische Dachshundklub 1893 e. V.
www.dackelklub.de

Münchner Dackelclub 2010 e.V.
www.dackelclub-muenchen.de

Landesverband Westfalen 1949 e.V.
www.teckel-bremen.de

Sonnenhotel Zaubek
www.sonnenhotel.com

STICHWORTVERZEICHNIS

BILDNACHWEIS

Akg-images: 132, 149, 151u
Bettmann/CORBIS: 142, 143r
Birgit Reitz-Hofmann/ Shotshop.com: 103m

Fotolia.com/:
Alta Oosthuizen: 77o
Antje Lindert-Rottke: 103r
artjazz: 5l, 21
atropa76: 66
Barbara Helgason: 85
bubastic: 50, 82o
Callalloo Canis: 4r, 24, 79
Dackeluli: 4m, 103l
Daria Chikurova: 31
dazarter: 15
Denis Babenko: 77ul
Dennis Connelly: 37
Dixi: 30, 145
dvr: 33or, 36
Eric Isselée: 40, 78
Eryk Rogozi ski: 16om
EtienneLacroix: 16l
fotowebbox: 45

Gianni: 14, 44r, 47, 74l, 80r
Igor Lokshin: 77ur
Joanna Zielinska: 28
Julius Elias: 7
katamount: 25, 71
Kevin Woodrow: 4l, 6, 17. 100or
Leonid Kvashin: 33l
leungchopan: 52/53, 81r, 83u,
Liliya kulianionak: 41
nonkuri: 92o
Paul Shlykov: 80l
pink candy: 92u
prentiss40: 22
radarreklama: 39
siloto: 33ur
tiptoee: 76o
vgm6: 29, 81l
zzzdim: 106u

Gettyimages.com/:
Bill Adams – Moments-Now.com: 56
Catherine Ledner: 87
Dirk Anschutz: 146
E. Hanazaki Photography: 34ul

Ellen L. Soohoo: 105o
Hakan Dahlström: 34ol, 59, 64, 115
Jessica Shaver Photography: 117
Jupiterimages: 110
Justin Guariglia: 105u
Justin W. Chung: 60
Mark Raycroft: 5m, 155
Neville Sukhia Photography: 34/35
Nico Sodling: 69
Patrice Hauser: 111
Reinhard Dirscherl: 73
Richard Newstead: 55
Sophia Volkowa: 83o
Stok-Yard Studio: 109
Studio Paggy: 57

Hachette Book Group, New York and Paloma Picasso Thevent: 137

iStockphoto.com/:
Alex Potemkin: 100ul
Alexey Sokolov: 100ur
Antagain: 93
Artem Sapegin: 5r, 104

Bob Torrez: 19
Catharina van den Dikkenberg: 82u
CountryStyle Photography: 100ol
Deborah Maxemow: 18, 44l
Druvo: 88
Irina Danilova: 1
Isabelle Ruen: 16um
Josh Solar: 51
Juanmonino: 2/3
Julie Vader: 89
Leungchopan: 74r, 100ul, 95
Liliya Kulianionak: 99
Marcell Mizik: 43
Marda Jordan: 67
Nadzeya Kizilava: 27
Peter-John Freeman: 76u
Photolumen: 11
Stacey Newman: 119
Vu Banh: 114
Woodygraphs: 16r, 96/97

Jesse John Jenkins/Camera Press/Picture Press: 147u

Jean-Philippe Arles/ Reuters/Corbis: 147o
Jazzfestival Saalfelden: 141l
living4media / House & Leisure: 112
living4media / Interior Archive / von der Schulenburg, Fritz: 113
Ishtar Najar: 159
Christine Paxmann: 8/9, 10, 48, 49, 63, 130, 141r, 148r
Sabine Pichlau: 153
Sabine Drasnin/Shot-shop.com: 91
Katja Sidim: 98
Studio Installation, Los Angeles, 1995, Color Photograph, ©David Hockney, Photo Credit: Richard Schmidt: 139
SZ Photo/Pfeiffer, Gerd: 12o
SZ Photo/Schrauden-bach K.: 106o
SZ Photo/Scherl: 13l

ulllstein bild – Argus-phot: 133
ullstein bild: 143l, 150, 151o
©VG Bild-Kunst, Bonn 2012: 122/123, 135, 136o
www.bridgemanart. com: 108, 122/123, 124, 126, 127, 129o, 134r, 135, 136o

2012 The Andy Warhol Foundation for the Visual Arts, Inc./ Artists Rights Society (ARS), New York: 138

ÜBER DIE AUTORIN

Nach Grafik- und Germanistikstudium hat Christine Paxmann schnell ihre Leidenschaft fürs Büchermachen entdeckt. Wenn sie nicht gerade mit ihrem Dackel Bruno durch München oder das Voralpenland streift, schreibt sie Romane, Kulturgeschichten und Sachbücher, gibt eine Fachzeitschrift heraus und betreibt eine Agentur für Buchprojekte.

Impressum

Bibliografische Information der Deutschen Nationalbibliothek

Die Deutsche Nationalbibliothek verzeichnet diese Publikation in der Deutschen Nationalbibliografie; detaillierte bibliografische Daten sind im Internet über http://dnb.d-nb.de abrufbar.

BLV Buchverlag GmbH & Co. KG
80797 München

© 2012 BLV Buchverlag GmbH & Co. KG, München

Umschlagkonzeption: Kochan & Partner, München
Umschlagfotos:
Vorderseite: Gettyimages/Kohel Hara
Rückseite: Paxmann (links), Deborah Maxemow (Mitte), artjazz (rechts)
Klappenbild: Paxmann

Lektorat: Dr. Friedrich Kögel, Katharina May
Herstellung: Angelika Tröger
Layoutkonzept und DTP: Christine Paxmann text • konzept • grafik, München

Gedruckt auf chlorfrei gebleichtem Papier

Printed in Germany
ISBN 978-3-8354-0980-4

Hinweis

Das vorliegende Buch wurde sorgfältig erarbeitet. Dennoch erfolgen alle Angaben ohne Gewähr. Weder Autorin noch Verlag können für eventuelle Nachteile oder Schäden, die aus den im Buch vorgestellten Informationen resultieren, eine Haftung übernehmen.